中国地震科学实验场科学设计

中国地震科学实验场科学设计编写组　编著

中国标准出版社

北　京

图书在版编目（CIP）数据

中国地震科学实验场科学设计/中国地震科学实验
场科学设计编写组编著. —北京：中国标准出版社，
2019.12

ISBN 978-7-5066-9466-7

Ⅰ.①中…　Ⅱ.①中…　Ⅲ.①地震—科学实验—
场地—设计—中国　Ⅳ.① P315-33

中国版本图书馆 CIP 数据核字（2019）第 174884 号
审图号：GS（2019）5578 号

中国标准出版社　出版发行
北京市朝阳区和平里西街甲 2 号　（100029）
北京市西城区三里河北街 16 号　（100045）
网址：www.spc.net.cn
总编室：(010) 68533533　发行中心：(010) 51780238
读者服务部：(010) 68523946
北京博海升彩色印刷有限公司印刷
各地新华书店经销

*

开本 880×1230　1/16　印张 11.25　字数 340 千字
2019 年 12 月第一版　2019 年 12 月第一次印刷

*

定价　158.00　元

编著委员会

主　任　张晓东

委　员　（按姓氏笔画排序）

马　强　　王　华　　王　亮　　王满达　　王曙光　　车　时

田　柳　　田勤俭　　朱小毅　　刘　杰　　刘　勉　　刘　静

齐　诚　　汤　毅　　孙文科　　孙　珂　　李　丽　　李　营

杨宏峰　　杨周胜　　杨攀新　　吴今生　　吴忠良　　沈正康

张　伟　　张　怀　　张晓东　　邵志刚　　武艳强　　周仕勇

周伟新　　郑　勇　　郑国东　　孟国杰　　赵连锋　　赵俊猛

胡春峰　　姚华建　　高　原　　郭　迅　　黄清华　　温瑞智

黎益仕

编辑组　（按姓氏笔画排序）

王　龙　　王　辉　　太龄雪　　华　卫　　孙　珂　　李　茜

胡朝忠　　崔子健

目　录

第一部分 总体目标

中国地震科学实验场的总体目标是以深化地震孕育发生规律和成灾机理的科学认识、提升地震风险的抗御能力为目的，建设集野外观测、数值模拟、科学验证及科技成果转化应用为一体，具有中国特色、世界一流的地震科学实验场。秉承开放合作，突出机制创新，吸引国内外专家，利用大数据、超算模拟等新技术、新方法，发展地震科学理论与基础模型，产出一批具有国际影响的原创成果，引领地震业务转型升级，提升防震减灾综合能力。

（一）建设需求

1. 必要性

地震科学的研究对象是地球和地球上的地震。迄今为止，人类对地震发生的环境、地震的孕育和发生过程，以及地震造成灾害的机理和致灾过程，了解得还很不够，尚不能准确得到"何时、何地、发生多大地震"等问题的答案。由于不能定位地震危险源及确认其孕震阶段，这就造成：一方面，以观测为基础的地震科技无法采取主动手段针对危险源进行震前、震时、震后的全过程观测；另一方面，以学科为组织体系的观测研究工作无法形成聚集效应，这使得人类现有科学技术能力不能在地震科学研究中充分施展。虽然，地震观测台网建设和数据处理技术提升，在一定程度上缓解了地震研究的数据需求，但地震（特别是大地震）的空间稀缺性、时间不确定性以及孕震体的空间尺度，都对地震研究的数据时空分辨率提出高要求，导致在感兴趣区开展实验时遇到观测设施体量不够、科学观测分辨率不够、基础探查现代化程度不够等问题。不仅是地震和地球物理场观测，强震动观测、结构响应等致灾机理研究同样存在观测密度低、与地震观测等其他手段衔接不够等问题。

近年来引领国际地震研究的美国南加州地震中心（SCEC），作为我国地震研究模式学习的对象，致力于地震动力学概率预测，通过概率模型将所有信息集成为对地震事件具有物理意义和预测能力的综合认识，并对未来地震进行一定程度的预测。SCEC 以美国地质调查局和相关大学为共同研究主体，汇集了南加州地区与地震有关的所有信息，在统一加州地震破裂预测模型中加入断层、应力、应变率、古地震、地表变形、三维密度结构、温度等条件，产出 50 年地震风险分布图、地震破裂预测结果、地震波传播模拟等产品。SCEC 已完成 4 个发展历程：SCEC 1（1991~2001 年），考虑 1992 年 Landers 地震影响的南加州未来地震危险评估；SCEC 2（2002~2007 年），统一的加州地震破裂预测模型 2（UCERF2）报告对未来 30 年的地震风险进行评估；SCEC 3（2007~2012 年），考虑场地效应的南加州地震危险性概率分析；SCEC 4（2012~2017 年），追索强震的级联破裂。目前，SCEC 已进入第 5 个发展历程 SCEC 5（2017~2022 年）。

按照系统工程角度看待地球科学和地震研究，借鉴 SCEC 的先进理念，地震系统科学（earthquake systems science，system specific studies，earthquake and fault system dynamics）需要研究的关键问题包括：断层、形变、蠕变、应力、热、速度，研究内容涉及从大尺度到小尺度的"应力转移"、应力加载背景下的断层相互作用、地震滑动过程中断层滑动阻力的变化、断层带和断层系统的结构与演化、瞬态形变的成因和影响、地震强地面运动模拟等，事实上覆盖了从孕震—破裂—地表反应的地震风险研究过程，进一步结合工程结构响应研究，实现了防震减灾科技全过程支撑。这些工作需要通过大量的野外实验进行理论建设和应用创新。

随着观测技术的发展，"中等尺度实验"和"天然实验室"逐渐成为地震科学中的重要概念，地震科学实验所面临的"尺度效应"问题也开始在一定程度上得到解决。对矿山地震、水库地震、页岩气开采注水与地震现象的观测和研究，为认识天然地震的机理提供了有用的参考。因此，建立地震科学实验场，构建地震"野外实验室"，选择在地震多发且具有一定观测和研究基础的地区开展多手段、高密度、高分辨率的综合观测，捕捉地震孕育发生过程信息，验证室内研究提出的地震科学假说，分析我国板块内部大陆型地震特点，建立区域统一科学模型（community model），推进地震动力学预测和数值预测，构建地震预测模型（earthquake forecasts model）对未来地震科技发展十分必要。与此同时，具备良好地震研究条件的地震科学实验场，也是地震预警系统、诱发地震、工程抗震等新业务、新技术经历"实战式"真实地震检验的绝佳场所。

2. 紧迫性

中国是一个多地震国家，新时代以人民为中心的现代化建设需要地震研究，通过地震科技减轻地震灾害风险，保护人民生命财产安全，保卫中华民族伟大复兴进程不受重特大地震灾害干扰。习近平总书记在唐山地震 40 周年之际发表的重要讲话中强调，同自然灾害抗争是人类生存发展的永恒课题。我国作为大陆型地震典型国家，特别需要针对研究较薄弱的板内地震开展研究。地震科技创新工作还不能满足面向世界科技前沿、面向经济主战场、面向国家重大需求的重大使命要求。因此，建设国家级的地震科学实验场，促进地震科技系统创新，建立对外开放、国际合作的地震科技发展新局面，探索地震科技管理体制机制新模式，实验性地构建区域"从地震破裂过程到工程结构响应"全链条大震巨灾综合防范能力，是贯彻国家科技创新驱动战略和落实"国家地震科技创新工程"的重要举措，意义非凡。

1966年邢台地震以来，经过50多年的积累，我国地震观测全面数字网络化，形变测量全面空间化，已经有条件支持较大规模、较为精细、较为先进、较为开放的地震科学观测实验。地震及地震预测研究等部分关键技术已逐步追上国际先进水平，实现"并跑"，有可能在一定空间范围内，通过可控、具有可重复性的观测实现地震过程科学观测。利用国家对科技创新的巨大投入，地震行业引进和研发了一批最新的地球科学研究方法。这些"硬实力"构成了中国地震科技在国际上科技竞争的资本。"创新是引领发展的第一动力"。近年来，新的理论、方法和技术涌现，地球和地震科学开始出现快速而带有转折性的进展。对断层性质、地震孕育、地震后效的高分辨率地震观测、形变观测、应力观测、钻孔探测，与对断层带组成和性质的实验研究相结合，成为地震研究中一个生机勃勃的领域。地震波形处理的理论和技术的进步与主动震源技术的进步甚至使一些地震学家提出所谓"高精度地震学"（high-precision seismology）和"时变地球物理"（time-lapse geophysics）的概念。中国地震科学要从"并跑"实现"领跑"，需要在坚持自主创新基础上，通过建设国际化的地震科学实验场，吸引世界智力资源，加快新科技的消化、吸收，孵化原创性重大科技成果，建立中国特色地震科学技术系统，寻觅"弯道超车"发展机会。

以地震科学实验场为平台的地震科技创新，将为国家安全和经济发展带来显著效益。建设现代化的实验平台，将提升地球科学的野外实验能力，潜在地与战略性能源储备、资源勘探、生态环境保护、自然灾害防御，以及保证国家安全和国家权益的工作（例如地下核试验的监测）、外交等紧密地联系在一起。至于与重大工程抗震设计相关的实验能力，更是新时代发展高铁、核电等"大国重器"的必需。经过在实验场检验测试的地震科技产品和新型业务，可有力地提升我国地震科技工程化能力，积极服务"一带一路"倡议及京津冀一体化、雄安新区、长江经济带、粤港澳大湾区等国家战略，为降低国家投资风险提供科技支撑。因此，拥有独立自主的地震科学实验能力、实验装备、实验平台，就像中国需要拥有独立自主的航天科技能力一样，其重要意义是十分明显的，未来也必将成为国家科技创新的重要驱动力。

（二）场地选择

实验场区范围为从川甘交界到云南南部，即 97.5°E~105.5°E、21°N~32°N 范围的国境内区域。该区域位于欧亚板块与印度板块互相碰撞挤压、强烈变形地区，涵盖川滇菱形地块、滇南地块、滇西地块、巴颜喀拉地块东段等，包括龙门山、鲜水河、安宁河、则木河、小江、红河、小金河等重要断裂，是中国大陆与周边板块动力传递的关键部位。实验场区既是研究大陆型强震的理想场所，也是全链条地震灾害风险管理的典型示范区。

川滇地区位于我国大陆强震频度最高的南北地震带中、南段，有记录以来 7 级以上强震频发，其中包括多次 8 级以上地震，地震灾害特别严重；地震中、长期预测研究表明，该地区未来仍可能发生多次强震与大地震，其中的龙门山断裂带南段、川滇菱形块体东边界（鲜水河、安宁河与大凉山、马边 – 烟峰、莲峰 – 昭通、小江等断裂带）、川滇菱形块体西边界（金沙江、中甸、红河、楚雄、程海等断裂带）、川滇菱形块体内部（理塘、小金河、元谋等断裂带）和滇西 – 滇西南地区（腾冲、瑞丽 – 龙陵、大盈江等断裂带）均存在不同尺度的强震、大地震空区，其中一部分可能是未来潜在强震、大地震发生的危险地段。区内有成都、西昌、攀枝花、昆明、大理、个旧等大、中城市，大、中型水电工程密布，是我国西南人口相对密集、经济较发达的地区。因此，实验场所在地区是对于增强区域防震减灾综合能力建设具有强烈需求的地区。

川滇地区是开展大陆强震孕育机理研究的理想的天然实验场：①区域动力边界作用复杂，在缅甸弧东向俯冲、印度板块藏东构造结北东向楔体挤出和俯冲、青藏高原隆升和南东向挤出等多种现代地质构造活动共同作用下，川滇、巴颜喀拉等活动块体向东 – 南东方向水平挤出，与相邻块体 / 地块之间相互作用，且块体内部分块特征同样比较显著；②在周边地质构造动力作用下，川滇地区表现出地壳变形速率高、断层运动剧烈、强震原地复发周期短等区域特征；③川滇地区同时拥有大陆内部典型的剪切构造（例如川滇菱形块体东边界的鲜水河、安宁河、则木河和小江断裂带，川滇菱形块体西边界的红河、中甸等断裂带）、拉张构造（例如川滇菱形地块西边界中段的大理次级地块）、推覆构造（例如川滇菱形地块东边界中段的大凉山次级地块）。

川滇地区已有一定的监测基础和较多的科研产出：有多批次临时或特定周期的流动观测，例如地震科学台站、全球导航卫星系统（GNSS）区域观测、跨断层观测等；

有多学科剖面探测，例如反射折射地震学剖面、大地电磁测深剖面和重力剖面等；连续观测有地震学、大地测量、定点前兆等。另一方面，地学界在该地区开展了各类科研项目，是中国大陆地区地学领域研究程度相对较高的地区，积累了较多的科研产出和认识。

（三）建设特色

坚持国际合作。开门建设实验场、开放运行实验场，面向国际地震科学前沿，瞄准关键科学问题，开展最广泛的国内外合作，发挥国内外专家群体的科学指导作用。提高共建共享水平，重视数据资源和成果资源的共享，注重原创性科技成果的产出，与国际发达国家、"一带一路"沿线国家和地区建立科学实验场合作平台，吸引国内外其他部门和科研机构的积极参与，增强实验场的凝聚力。坚持不求所有、但求所用的人才理念，柔性引进领军人物和拔尖人才，努力把实验场建成新思想的孵化器、新技术的加速器、新成果的助推器。通过开放共享科研仪器、观测设施，将实验场建设成为世界主要地震科学中心和创新高地。

坚持全链条设计。紧紧围绕"透明地壳""解剖地震""韧性城乡""智慧服务"四大计划，开展"从地震破裂过程到工程结构响应"全链条风险防范研究、实验和研发，突出我国大陆型地震研究特色，通过实验场进行理论、方法、技术和仪器装备实际验证，强化原创性研究，加强基础和新兴学科建设、学科交叉融合，破解事关国家重大安全战略的重大科学问题，把实验场建成集突破型、引领型、平台型一体化的地震科学研究实验基地，承担国家级地震科技任务。配合自然灾害防治重大工程，逐步摸清川滇地区地震风险底数、致灾机理，构建区域地震科学模型，开展重大地震灾害地震风险防范示范工作，切实提升区域防震减灾科技能力。

坚持体制机制创新。将实验场作为地震科技体制机制创新的试验田，统筹整合和充分发挥地震系统内各单位力量、资源和积极性，吸收借鉴国内外各类地震实验场建设经验教训，集中有限资金和优势力量，积累经验后逐步推广。坚持有所为和有所不为，做好顶层设计，突出科学决策，建立全球高端人才的发现和联络机制，加强专家执行团队组建，赋予团队技术路线决策权、经费调剂权和人才队伍组建权，将实验场建设成为地震科技人才培养的基地。强调科学理论与工作实践相融合，实现"无缝衔接"，既从业务实践中凝练科学问题，又将实验场的前沿探索成果及时转化为业务应用。加强宣传和科普，扩大实验场的影响，体现实验场的科学作用和价值。

第二部分
实验场区基本情况

（一）区域构造背景

大约 6000 万 ~5000 万年前印度板块与欧亚板块开始碰撞，导致青藏高原隆升、喜马拉雅山崛起和大量地壳物质向东和南东的侧向逃逸。实验场区受板块边界动力源的持续影响，变形都极其复杂（见图 2.1）。目前对变形的认识主要有两种模式：一种为不连续变形模式，即块体侧向挤出模型，认为构造变形主要集中发生在少数几条走滑断层上，而围限块体的侧向运移是调节构造变形的主要机制；另一种为连续变形模式，认为印度板块和亚洲大陆的汇聚所引起的构造变形主要是通过岩石圈整体增厚或下地壳增厚流动，因此高原物质的侧向挤出不是主要的[1]-[3]。

印度－欧亚板块碰撞带为典型的陆－陆碰撞带，碰撞至今仍在继续。青藏高原东－东南缘作为高原与扬子地台之间的过渡带，在两个地质时期经历了强烈的地壳变形和断裂作用。按地震活动区带划分，实验场所在地区属于我国的南北地震带中南段，地震活动频度高，地壳厚度变化十分剧烈，从青藏高原中东部地区的 65 km 下降到云南南部地区的 30 km，这一变化趋势与地形高程呈平稳下降趋势相一致。急需将地球表面的变形场和地幔深处的变形场联系起来，结合地壳和上地幔构造的约束，深入研究地球内部流变特征以及动力学过程，以完善该区域地震发生机理。

实验场区域总体构造动力学环境为：在印度板块持续向东北方向推挤和缅甸板块向东俯冲作用下，羌塘块体和巴颜喀拉块体向东－南东方向绕东构造结顺时针旋转，并在东部受扬子板块阻挡作用，使得该区域构造应力场复杂。

GNSS 等大地测量结果表明，川滇地区速度矢量大小和方向均变化较大，显示现今

① England P., Houseman G.. Finite strain calculations of continental deformation 2. Comparison with the India–Asia collision zone. *Journal of Geophysical Research*, 1986，91：3664–3676.
② Royden L. H., Burchfiel B. C., King R. W., Wang E., Chen Z. L., Shen F., Liu Y. P.. Surface deformation and lower crustal flow in eastern Tibet. *Science*, 1997，276：788–790.
③ 张培震，王琪，马宗晋．青藏高原现今构造变形特征与 GNSS 速度场．地学前缘，2002，9：442–450.

该区域存在较强的相对运动与变形。巴颜喀拉地块东部、川滇地块北部及附近地区以近东西向地壳缩短而南北向地壳伸展变形为主，自西往东运动速度渐减，从南到北南北向速度分量增大，导致川滇地块南部及滇南、滇西地区以近东西向地壳伸展，而南北向以地壳缩短变形为主。青藏高原东缘物质"逃逸"在川滇地区有两个分支，其中一支向南急剧转折至云南，另一支在四川西部向东运动，扬子板块的阻挡导致龙门山断裂带强烈挤压（见图2.1）[1][2]。

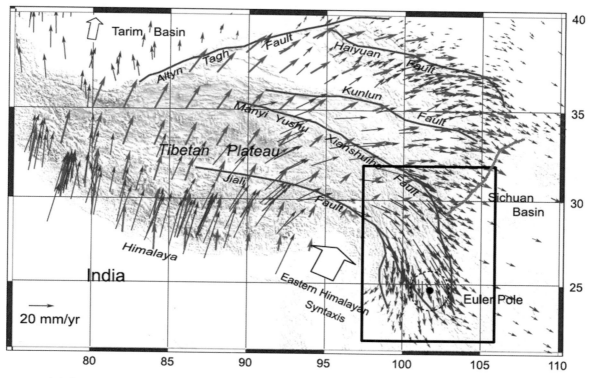

注：蓝色箭头为 GNSS 速度场，红色箭头为青藏高原欧拉极拟合速度场。

图 2.1　实验场区空间范围（粗黑框）及活动断裂分布图

大地电磁测深剖面探测结果显示，测深剖面与主要断裂交汇部位呈现高导特征，其埋深为 20 km~40 km。此外，多条大地电磁长剖面获得了青藏高原东南部的深部电性结构，发现青藏高原的物质挤出主要集中在两个"通道"上，即班公湖 – 怒江缝合带西侧和鲜水河 – 小江断裂带西侧，从青藏高原延伸 800 km 进入中国南部，这一高导特征为下地壳流模型提供了观测证据[3]。也有研究认为，青藏高原东南缘并不存在大规模的下地壳流。而最

[1]　Shen Z. K., Lu J., Wang M., Burgmann R.. Contemporary crustal deformation around the southeast borderland of the Tibetan Plateau. *Journal of Geophysical Research*, 2005, 110, B11409, doi: 10.1029/2004JB003421.

[2]　Gan W., Zhang P. Z., Shen Z.K., Niu Z. J.. Present–day crustal motion within the Tibetan Plateau inferred from GNSS measurements. *Journal of Geophysical Research*, 2007, 112, B08416, doi: 10.1029/2005JB004120.

[3]　Bai D. H., Unsworth M. J., Meju M. A., Ma X. B. , Teng J. W., Kong X. R., Sun Y., Sun J., Wang L. F., Jiang C. S., Zhao C. P., Xiao P. F., Liu M.. Crustal deformation of the eastern Tibetan Plateau revealed by magnetotelluric imaging. *Nature Geoscience*, 2010, doi: 10.1038/NGEO830.

近的地震学成像研究又支持存在这两条中下地壳物质流的通道，其中小江断裂带内的壳内低速异常向南穿过红河断裂带，一直延伸到越南北部，主要分布在奠边府断裂带的西侧。

实验场所在区域涉及羌塘、巴颜喀拉、扬子和滇缅地块，区内断裂纵横交错，既有大型块体边界断裂，块体内部也有活动断裂发育，块体活动及构造变形复杂，已有研究资料证明地表的大型走滑断裂系和深部的地壳运动控制了该区域地壳的旋转运动特征，在整体的顺时针旋转作用下，地壳被多条断裂切割成多个次级块体。因此，场区内主要断裂多为左旋走滑兼挤压运动，少数断裂为右旋走滑性质[①]，共同调节主要块体和次级块体的不同运动和旋转量。

（二）地质演化历史

实验场地区处于印度板块和扬子板块汇聚带上，由两大板块分裂出的一些较小的地块和微陆块拼贴而成，在全球构造格局中具有板块边缘的构造特征。实验场所在的川滇地区发育有三条缝合带，自西向东时代逐渐变老，依次为雅鲁藏布江缝合带、班公湖 – 怒江缝合带和西金乌兰 – 金沙江缝合带；而西部的三江褶皱系为特提斯 – 喜马拉雅构造域向南东的延伸部分，即喜马拉雅 – 缅甸弧形的东端。按大地构造单元划分，其包括松潘 – 甘孜褶皱带、义敦岛弧 – 花岗岩带、华南板块西南部和三江褶皱带。其中，松潘 – 甘孜褶皱带、义敦岛弧位于楚雄盆地以北。松潘 – 甘孜盆地为三叠复理石沉积，并发育强烈褶皱。义敦岛弧呈弧形向南延伸，覆盖在华南板块型古生代地层之上，受到三叠纪和早侏罗世火成岩的强烈褶皱和侵入作用，发育复杂的构造变形，古近纪和新近纪地层与下伏的三叠纪及较老的地层不整合接触。

该地区晚古生代以来经历了陆内裂解、洋盆扩张、俯冲、古特提斯洋闭合、弧 – 陆碰撞、斜向汇聚 – 挤压，于晚三叠纪中期碰撞造山结束。晚三叠纪 – 早侏罗纪新特提斯洋打开，晚白垩纪 – 古近纪中特提斯洋闭合，6000 万 ~5000 万年前新特提斯洋开始闭合，从冈瓦纳大陆裂解出来的拼贴块体相继与欧亚大陆发生碰撞。新生代经历了印度 – 欧亚板块碰撞抬升、陆内挤压变形及区域大断裂挤压 – 走滑运动转换等复杂的构造演化史。

构造古地磁学的研究结果显示：自印度 – 欧亚板块碰撞以来，掸泰地块相对于欧亚大陆发生了 20°~80° 顺时针旋转，局部地区旋转量甚至高达 135°；印支地块相对于欧亚大陆发生了 30° 顺时针旋转。该区自西向东高黎贡山、崇山及红河哀牢山分布三条线性展布的韧性剪切带，晚始新世至中新世存在同期活动性，是对印度 – 欧亚板块碰撞印度

---

① 张培震，朱守彪，张竹琪，王庆良 . 汶川地震的发震构造与破裂机理地震地质 . 地震地质，2012，34：566–575.

板块北向运动的响应性调整。其中，哀牢山－红河断裂带作为走滑逃逸模式早期挤出的东边界而成为研究焦点，但目前关于该断裂的性质、走滑时间和方式仍存在很大争议。中新世以来，随着印度板块持续地向欧亚大陆楔性挤压，川滇地块相对相邻块体加速南向运移，从而导致了鲜水河－小江断裂系的发育以及红河断裂系走滑性质的转变。

新生代以来的构造运动对先前的构造变形具有一定的继承性，也是该地区成为构造运动最为活跃的地区的原因之一。该区域构造活动还受深部热作用较大的影响[①]，伴随强烈的岩浆活动，形成了大型的斑岩矿床。作为印度和欧亚板块的侧向碰撞部位，川滇地区卷入了区域收缩变形、地壳增厚和侧向滑移。青藏高原东南缘出露一系列中、新生代红层，并直接覆盖于古生代地层之上。受新生代构造活动影响，这些红层在掸泰和川滇地块内被挤压成一系列北西－北北西向的褶皱和逆冲断层。新生代盆地碳酸盐岩古土壤结核的稳定氧同位素研究揭露，川西藏东在该时期整体隆升接近现今的高度，即高原东南缘和南缘是高原最先形成的部分，其中东南缘在沿红河断裂和实皆断裂挤出过程中，在1500万~2000万年前之间该区域变形发生较大转变，由于太平洋海槽快速迁移的停滞，青藏高原块体挤出速度减缓，导致高原面的快速隆升，并导致藏东区域地壳增厚，使得该地区的构造变形更为复杂（见图2.2）。

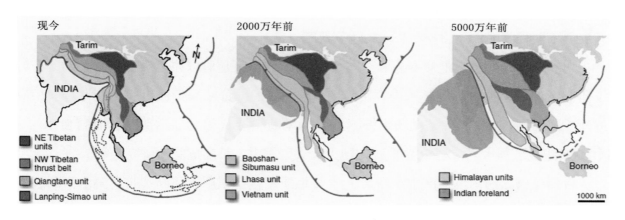

图 2.2　实验场及周边地区构造演化图 [②]

新构造分区单元为断层所围限的次级块体构成，主要包括川滇菱形、掸泰、滇南、川西等活动地块。其中川滇菱形块体是实验场的主体和中心部分，位于扬子板块的西南，被北西－南北向的鲜水河－小江断裂与扬子板块主体隔开，其西南以哀牢山－红河断裂带为边界，其周边和内部断裂地震活动最强。掸泰块体位于场区西南，可进一步划分为保山地体和兰坪－思茅地体。

① Hou Z., Zhou Y., Wang R., Zheng Y., et al.. Recycling of metal–fertilized lower continental crust：Origin of non–arc Au–rich porphyry deposits at cratonic edges. *Geology*, 2017, 45：563–566

② Leigh H. Royden, et al.. The geological evolution of the Tibetan Plateau. *Science*, 2008，321：1054.

（三）主要地震构造

中国地震局实施的 973 项目共有三个，全部或主要部分均与实验场有关。例如 1998 年自 973 项目开始立项以来，首个地震相关的项目——大陆强震机理与预测研究，提出了"活动地块"的概念，在川滇地区开展了大量的地震地质工作；之后为了理清活动地块假说在川滇地区边界带的动力过程，实施了第二个 973 项目——活动地块边界带的动力过程与强震预测，重点对鲜水河、安宁河、则木河、大凉山等断裂带的晚第四纪活动特征开展了详细研究，发表了系列研究成果；汶川地震之后，围绕汶川地震发生机理及大区动力环境特征研究，实施了第三个 973 项目，为汶川地震的发震机理提供了重要的理论认识。

自 20 世纪 80 年代以来，场区开展了大量活动断裂填图工作（见图 2.3 和表 2.1），但各段的研究程度差异较大，由于断裂带分布的地理位置的特殊性（如高海拔、交通不便、植被覆盖茂密、地表过程迅速等）、第四纪年代学测试手段的局限，以及相关科研项目的部署和分配上的各种制约，目前川滇地区主要断裂的研究详细程度差异较大。其中，龙门山断裂带、甘孜 – 玉树 – 鲜水河断裂带、安宁河断裂带、则木河断裂带、大凉山断裂带、小江断裂带、红河断裂带、龙日坝断裂带、丽江 – 小金河断裂带、理塘断裂带等都开展了不同程度的古地震及断层滑动速率研究。

实验场已有的地震地质专著和 1∶5 万地质图的出版是对以往地质工作的总结，为后续研究者的借鉴提供了重要途径。实验场主干断裂的部分断裂带已出版研究专著和相应的地质图资料，如《红河活动断裂带》《小江活动断裂带》《滇西北活动断裂带》《鲜水河 – 小江断裂带》《鲜水河活动断裂带》《中国大陆大地震中、长期危险性研究》等。

目前已出版的川滇地区主干断裂 1∶5 万地质图包括了则木河断裂带、鲜水河断裂带（不完整）、安宁河断裂带（不完整）、小江断裂带（北端和南端部分段落在后续有重新调查，待出版）、红河断裂带（不完整），主要是对中国地震局"八五"期间组织的 14 条断裂带的地质填图工作中涉及川滇地区的填图成果的整理出版。自汶川地震之后，国家加大了国内主要断裂带的详细地质调查工作，先后实施了喜马拉雅计划的南北地震带南段和北段的多条断裂带的 1∶5 万地质填图工作。

此外，中国地震局针对川滇及周边地区自 1996 年丽江地震以来开展了中强震的多学科系统科学考察，从地震地质、地震学、地球物理等方面开展了科学总结，为这一地区的研究提供了重要的科学结论；汶川地震和芦山地震后开展了科学考察，考察成果先后以专著和期刊文章的方式发表，有利地促进了科学的深入研究。

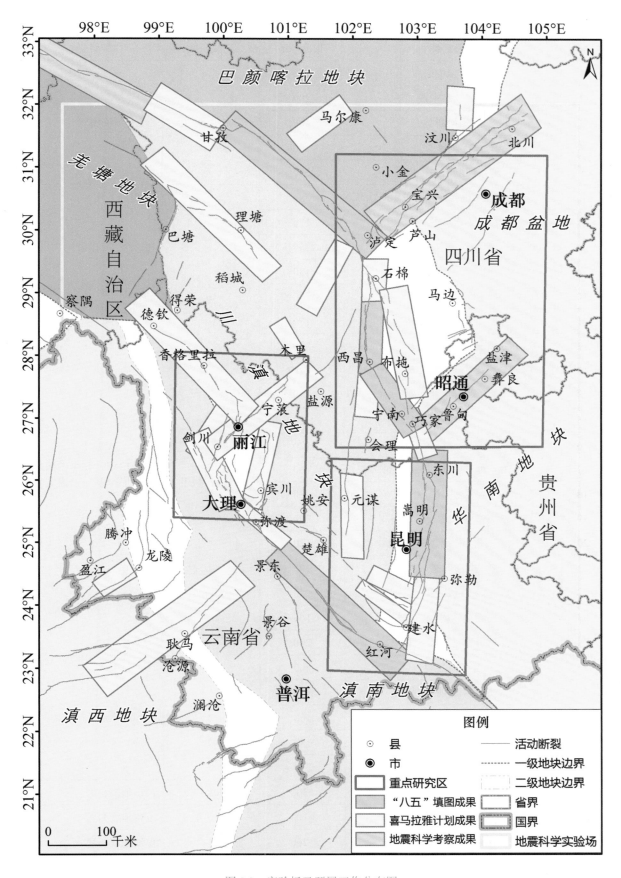

图 2.3　实验场已开展工作分布图

表 2.1 实验场已开展填图工作统计表

序号	断裂名称	长度 /km	完成时间	计划
1	红河断裂中南段	250		
2	小江断裂中段	200		
3	则木河断裂	120	1991~1995 年	"八五"填图
4	安宁河断裂	100		
5	鲜水河断裂东南段	280		
6	鲜水河断裂（磨西段）	60		
7	玉农希（八窝龙）断裂	170		
8	理塘 – 德巫断裂	150		
9	理塘 – 义敦断裂	130		
10	丽江 – 小金河断裂（东、西段）	200		
11	德钦 – 中甸 – 龙蟠断裂	170		
12	龙蟠 – 乔后断裂	200		
13	宁蒗断裂	80		
14	玉龙雪山东麓断裂	100		
15	大具断裂	120		
16	鹤庆 – 洱源	120		
17	永胜 – 宾川（程海）断裂带	160	2011~2014 年	喜马拉雅计划（中国地震活动断层探察——南北地震带中南段）
18	维西 – 乔后 – 巍山断裂	280		
19	红河断裂带中、北段（元阳北）	200		
20	石屏 – 建水断裂	120		
21	曲江断裂	100		
22	元谋断裂	140		
23	安宁河断裂（南段、北段）	160		
24	小江断裂带（南段、北段）	200		
25	南汀河断裂	200		
26	龙陵 – 瑞丽断裂	150		
27	大盈江断裂	100		
28	汗母坝 – 黑河断裂	180		
29	东昆仑断裂（玛曲 – 玛沁段）	230		
30	龙门山断裂	>300	2008 年	汶川地震科考
31	玉树 – 甘孜断裂	>100	2010 年	玉树地震科考
32	昭通 – 莲峰断裂	>200	2014 年	鲁甸地震科考

　　根据以上研究成果，将实验场区域内的活动断裂分为块体边界断裂和块体内部断裂两大类（见图 2.4），以下对主要断裂作简单介绍。

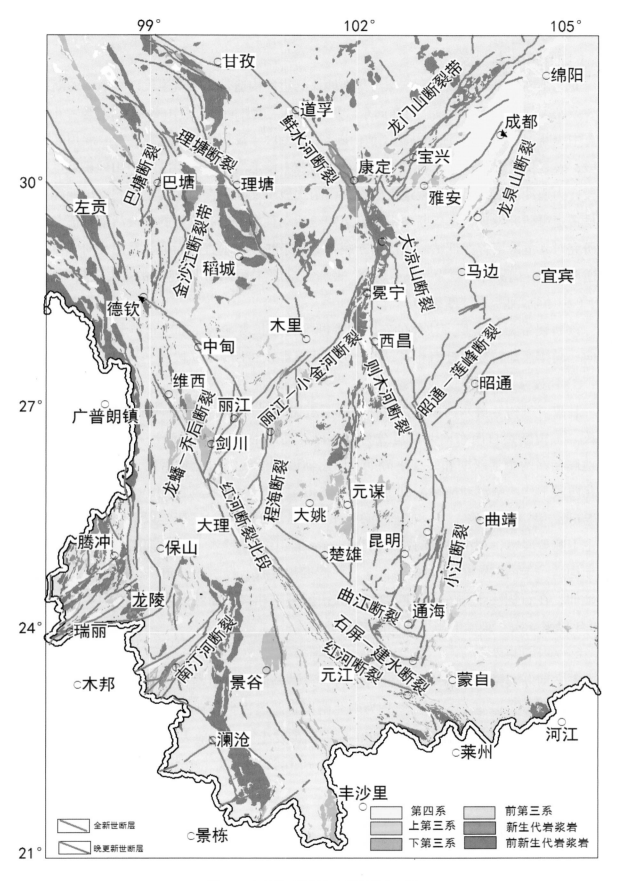

图 2.4　实验场区地层和主要断裂分布图

1. 块体边界断裂

（1）龙门山断裂带

龙门山断裂带是青藏高原东缘与华南地块的边界构造带。晚新生代以来活动的断裂带由 3 条发震的主干断裂组成，自西向东分别是汶川 – 茂县断裂（后山断裂）、映秀 – 北川断裂（中央断裂）、灌县 – 江油断裂（前山断裂）。2008 年汶川地震发生在映秀 – 北川断裂中北段，破裂长度近 300 km，断裂为高角度逆冲兼右旋走滑性质。2013 年芦山地震发生在其南段，为逆冲性质，但未发现地表破裂带，两次地震之间仍存在地震空区。汶川地震后的探槽古地震研究发现，这条断裂带的晚第四纪活动存在古地震事件的分段活动特征，早前的研究对其危险度存在低估。龙门山断裂带的 3 条断裂在垂直剖面上呈叠瓦状向四川盆地内逆冲推覆，向深部收敛为一条剪切带，是青藏高原推覆于四川盆地上的主要控制构造。

（2）鲜水河 – 小江断裂带

该断裂带为川滇菱形块体的东北边界断裂，总长度超过 1300 km，走向由北部的北西向，向南逐渐转变为近南北向，可分为以下几条次级断裂带 / 段。

① 甘孜 – 玉树 – 鲜水河断裂带

甘孜 – 玉树 – 鲜水河断裂带包括甘孜 – 玉树断裂和鲜水河断裂两个组成部分。其中，甘孜 – 玉树断裂自南东向北西可分为甘孜段、马尼干戈段、邓柯段、玉树段和当江段。古地震存在两个活跃期和一个平静期。鲜水河断裂沿线断错地貌明显，由地质证据获得其北西段平均水平滑动速率为 10 mm/ 年 ~15 mm/ 年[1][2]，雅拉河段为 3 mm/ 年，色拉哈段为 5 mm/ 年 ~8 mm/ 年，折多塘段为 3 mm/ 年 ~5 mm/ 年。过了康定以南，断裂又呈单一的主干断裂展布，其水平滑动速率约为 9 mm/ 年 ~10 mm/ 年[3]。鲜水河断裂带是实验场的主导构造，走向 NW40°，倾角近直立，西起四川甘孜，经炉霍、道孚，过康定后沿大渡河延伸，在石棉一带与安宁河断裂和大凉山断裂带相接，断裂以左旋走滑为主，控制着 300 年以来 4 次 7 级以上历史强震的发生。

② 安宁河断裂带

安宁河断裂带主要沿安宁河河谷发育，北端与鲜水河南端相接，南端与则木河西北端在西昌相接，以冕宁为界可划分为南北两段，北段古地震研究成果较多，如在紫马跨和野鸡洞开挖探槽揭示在最近的 2300 年中至少发生了 4 次地表破裂的古地震，平均复发间隔为 600~700 年[4]；探槽开挖揭示出距今约 1634~1811 年、1030~1050 年和 280~550 年

① 闻学泽，Allen C. R.，罗灼礼，钱洪，周华伟，黄伟师 . 鲜水河全新世断裂带的分段性、几何特征及其地震构造意义 . 地震学报，1989，11：362–372.
② 唐荣昌，张耀国，黄祖智，雷建成 . 四川石棉 – 西昌地区地震区划研究 . 地震研究，1993，16：306–315.
③ 周荣军，何玉林，杨涛，何强，黎小刚 . 鲜水河 – 安宁河断裂带磨西 – 冕宁段的滑动速率与强震位错 . 中国地震，2001，17：253–262.
④ 闻学泽，杜平山，龙德雄 . 安宁河断裂带小相岭段古地震的新证据及最晚事件的年代 . 地震地质，2000，22：1–8.

左旋位移量在 3 m 左右的 3 次强震事件，获得大地震重复间隔为 520~660 年 ①。对于南段，组合探槽揭示了 3400 年以来存在 5 次古地震事件，平均复发间隔约 600~800 年 ②。关于位移速率，揭示北段晚全新世以来断层左旋位移速率约为 6.2 mm/ 年，距今约 1 万年以来的平均左旋位移速率约为 3.6 mm/ 年 ~4.0 mm/ 年 ③。对于安宁河断裂南段，获得了 6.5 mm/ 年 ±1 mm/ 年的位移速率 ④。

③ 则木河断裂带

则木河断裂带总体走向 NW330°，近平行于鲜水河断裂，北端与安宁河断裂相连，南端与小江断裂带相交，由三条平直的次级断层斜列组成，以左旋走滑为特征错断一系列山脊水系和地质体，形成明显的拉分盆地和挤压隆起等走滑断层相关的构造地貌现象。1850 年沿该条断裂发生 7.5 级地震，地表破裂带长度 80 km~90 km。则木河断裂带以普格为界可划分为南北两段，北段古地震研究成果较多，古地震复发间隔不同学者认识不同，如最短约 300~400 年，最长可为 3000 年。还有学者认为则木河断裂大地震不具有准周期性，单次复发间隔存在不均匀性。关于位移速率，不同学者给出的滑动速率在 3.6 mm/ 年 ~6.7 mm/ 年，也有学者给出的水平滑动速率为 10 mm/ 年 ~12 mm/ 年。

④ 小江断裂带

小江断裂带断层展布比较复杂，分为东西两支，按走向又可分为北、中、南三段。早期的古地震研究比较薄弱，存在较大的不确定性。最近在西支断裂开挖探槽揭示了 5 次古地震事件，年代分别限定为 40000~36300 年（BC）、35400~24800 年（BC）、9500（BC）~500 年（AD）、390~720 年（AD）、1120~1620 年（AD）。关于滑动速率，通过多处地貌断错和年代约束，限定小江断裂带滑动速率约 14 mm/ 年 ~22 mm/ 年 ⑤。

（3）红河断裂带

该断裂带为川滇菱形块体的西南边界断裂，其活动性一直以来存在较大争议，没有较好的地层剖面证实红河断裂晚第四纪以来的活动性，仅有早期 Kerry Sieh 在红河断裂带南段开挖过探槽的报道，但地层剖面等信息也未公开。另外，关于滑动速率，早期资料大多来自于较老地质体的位错，不能代表最新活动的滑动速率。最近在红河断裂通过

① 冉勇康，陈立春，程建武，宫会玲 . 安宁河断裂冕宁以北晚第四纪地表变形与强震破裂行为 . 中国科学 D 辑：地球科学，2008，38：543–554.
② Wang H., Chen L. C., Ran Y. K., Lei S. X., Li X.. Paleoseismic investigation of the seismic gap between the seismogenic structures of the 2008 Wenchuan and 2013 Lushan earthquakes along the Longmen Shan faultzone at the eastern margin of the Tibetan Plateau. *Geological Society of America*, 2014, doi：10.1130/L373.1.
③ 冉勇康，程建武，宫会玲，陈立春 . 安宁河断裂紫马跨一带晚第四纪地貌变形与断层位移速率 . 地震地质，2008，30：86–98.
④ 徐锡伟，闻学泽，郑荣章，马文涛，宋方敏，于贵华 . 川滇地区活动块体最新构造变动样式及其动力来源 . 中国科学 D 辑，2003，33（增）：151–162.
⑤ Li X., Ran Y. K., Chen L. C., Wu F. Y., Ma X. Q., Cao J.. Late Quaternary large earthquakes on the Western Branch of the Xiaojiang Fault and their tectonic implications. *Acta Geologica Sinica*, 2015, 89：1516–1530.

探槽开挖证实了该断裂是全新世以来的活动断层，复发周期约为 1780~3170 年，全新世晚期断层平均滑动速率约为 2 mm/ 年～4.3 mm/ 年^①。

2. 块体内部断裂

块体内部还发育有数十条活动断裂，大多为次级块体边界断裂，且活动性强，多具有发生强震能力。在此只介绍其中研究较深入的几条。

（1）昭通 – 莲峰断裂带

昭通 – 莲峰断裂带位于川滇块体与华南地块之间的边界带，由昭通 – 鲁甸、莲峰两条 NE 向断裂带组成，全长约 150 km，东西两侧分别被马边 – 盐津断裂和则木河 – 小江断裂带所截断。其中，昭通 – 鲁甸断裂又由昭通 – 鲁甸、洒渔河和龙树 3 条右阶斜列的次级断裂组成。总体走向 NE40°～60°；莲峰断裂位于昭通 – 鲁甸断裂北侧，整体沿金沙江右岸展布。昭通 – 鲁甸断裂带位于凉山次级活动块体 SE 向运动的前缘部位。它独特的地理位置和复杂的断裂几何结构成为凉山次级块体构造变形的主要承载体之一，吸收、调节块体 SE 向运动应变，并构成了凉山次级活动块体的南部边界，是滇东北地区重要的地震构造之一。

（2）理塘断裂带

理塘断裂带是川西高原 NW 向走滑断裂之一，与鲜水河断裂带近乎平行，属川西北次级块体内部次级活动断裂，由 3 条 50 km~65 km 长的次级断层斜裂而成，左旋性质。通过冲沟阶地坎位错和热释光测年，获得该断裂中段左旋位移速率为 4 mm/ 年 ±1 mm/ 年。理塘断裂带于 1948 年发生 M_W7.0 地震，发育有约 40 km 的同震地表破裂带^②。

（3）大凉山断裂带

大凉山断裂带北接鲜水河断裂带南端，分布在安宁河、则木河东侧，向南经越西、普雄、昭觉、布拖至云南巧家与小江断裂带相接，全长约 280 km。最新的遥感解译和野外调查结果表明大凉山断裂带是一条新生的断裂带：①具有复杂几何结构的大凉山断裂带无论是连续性还是成熟度都明显低于鲜水河 – 小江断裂系中的其他断裂带；②大凉山断裂带南、北两段的活动性高于中段，小震活动在中段存在明显的空区；③大凉山断裂带上地质体反映的总位错和水系的位错基本相同，说明大凉山断裂带开始于该地区水系成型之后；④探槽揭示的古地震事件，以及用断错地貌和 GNSS 观测结果估计的水平滑动速率为 3 mm/ 年 ~4 mm/ 年，都表明大凉山断裂带与安宁河、则木河断裂带一样也是一条强震构造带。大凉山断裂带的晚第四纪构造变形以左旋走滑为主。

① 李西，冉勇康，陈立春 . 红河断裂带南段全新世地震活动证据 . 地震地质，2016，38：596–604.
② 徐锡伟，闻学泽，郑荣章，马文涛，宋方敏，于贵华 . 川滇地区活动块体最新构造变动样式及其动力学来源 . 中国科学 D 辑，2003，33（增）：151–162.

（4）丽江 – 小金河断裂带

丽江 – 小金河断裂带是川滇菱形块体内部在中新生代龙门山 – 锦屏山 – 玉龙雪山推覆构造带南西段基础上形成的一条北东向活动断裂带，由多条斜裂的次级断裂组成。在其西南段获得全新世左旋位移速率为 3.8 mm/ 年 ±0.7 mm/ 年，北西盘相对东南盘的抬升速率为 0.65 mm/年 ±0.14 mm/年[①]。也有学者认为其晚第四纪以左旋走滑为主（2.4 mm/ 年 ~ 4.8 mm/ 年），北段兼逆断，中南段兼正断，向南正断分量变大。该断裂承担了来自鲜水河断裂带约 1/3 的左旋走滑，在青藏高原东南缘应变分配中起着重要作用。该断裂全新世至少有 3 次古地震事件，分别发生在 7750 ± 500 年（Cal BP，即 calibrated years before the present，校正后的年代）、4550 ± 280 年（Cal BP）、1760 ± 140 年（Cal BP），大震复发间隔约 3000 年，可能主要造成中段的整段破裂。

（5）龙蟠 – 乔后断裂带

断裂带从岩峰场东南开始，向东南经上井村北、上集村北、段家村北继续延伸，经过沙溪盆地、剑川盆地、九河盆地，之后汇入金沙江，沿着金沙江向北抵达龙蟠。断裂带总体走向为 NE15°~20°，全长约 120 km。

通过分析各处阶地位错，得到断裂在剑川盆地西南段水平和垂直滑动速率。其中，水平滑动速率为 3.10 mm/ 年 ~ 6.45 mm/ 年，而垂直滑动速率则在时间上有一定的分段性：中更新世中期以来的垂直滑动速率为 0.05 mm/ 年 ~ 0.13 mm/ 年；中更新世末期以来的垂直滑动速率为 0.13 mm/ 年 ~ 0.24 mm/ 年；晚更新世以来的垂直滑动速率为 0.20 mm/ 年 ~ 0.45 mm/ 年。剑川盆地全新世以来发生了 3 次 M6.5 以上的地震，发生时间分别为 1751 年、6230 ± 130 年（BP）和 10737 ± 468 年（BP），其重复间隔约为 5300 年。

（四）地震活动特征

川滇地区是我国大陆强震频度最高的地区，在总结大量前人工作的基础上，M7 专项工作组（2008 年 7 月起，地震部门启动"中国大陆 7~8 级地震危险性中、长期预测研究"专项工作，简称"M7 专项"）进行了系统的梳理：南北地震带中段地区 M6.5 及以上的地震资料从 18 世纪晚期以来是较完整的，南北地震带南段 M6.5 及以上的地震资料从 19 世纪晚期以来应是较完整的，区内已查明的主要活动断裂 40 余条。从空间分布上看，有记载的强震集中于川滇菱形块体的边界断层上，最大地震为 1833 年嵩明 8.0 级和 2008 年汶川 8.0 级地震，并给出了实验场区地震空段分布（见图 2.5）。

---

① 徐锡伟，闻学泽，郑荣章，马文涛，宋方敏，于贵华．川滇地区活动块体最新构造变动样式及其动力来源．中国科学 D 辑，2003，33（增）：151–162.

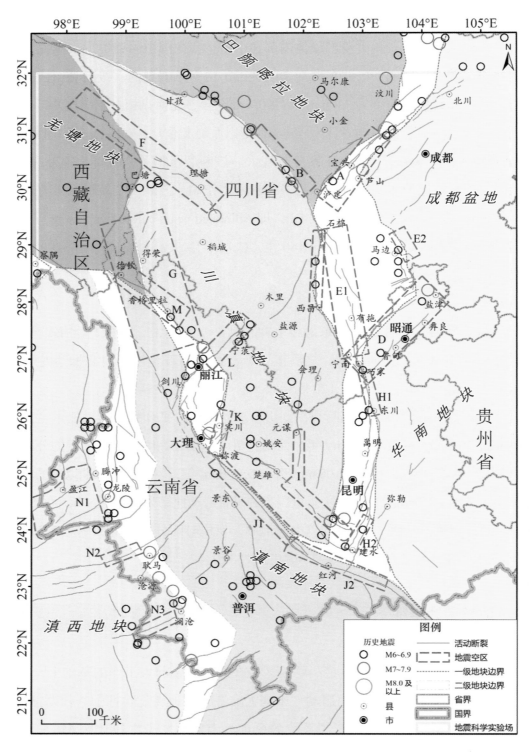

说明：A.龙门山断裂带南段地震空区；B.鲜水河断裂带中段地震空区；C.安宁河断裂带地震空区；D.川滇交界东段地震空区；大凉山断裂带、马边地震空区，E1.大凉山断裂带地震空区，E2.马边地震空区；F.川、藏交界地震空区；G.川、滇、藏交界地震空区；小江断裂带北段、南段地震空区，H1.小江断裂带北段地震空区，H2.小江断裂带南段地震空区；I.楚雄地震空区；红河断裂带中、南段地震空区，J1.红河断裂带中段地震空区，J2.红河断裂带南段地震空区；K.宾川地震空区；L.小金河断裂南西段地震空区；M.中甸断裂地震空区；滇西南的地震空区：N1.腾冲-瑞丽地震空区，N2.耿马西地震空区，N3.孟连地震空区（据中国地震台网目录，M7专项工作组）

图2.5　川滇地区的历史地震（1900年以来）和强震破裂空段

（1）龙门山断裂带南段地震空区：位于 NE 向龙门山断裂带南段的四川邛崃－宝兴－康定金汤之间，其北东端紧邻 2008 年汶川 M8.0 地震破裂的南西端，沿断裂带的长度约 180 km。2013 年芦山 M7.0 地震位于该空区内，但之前该空区所在的断裂段至少已有 1100 余年未发生过 M7 及以上的地震[①]，但该空区仍存在未破裂空区段。

（2）鲜水河断裂带中段地震空区：位于 NW 向鲜水河断裂带中段的四川康定塔公－道孚松林口之间，长约 100 km，该空区的北西、南东两侧分别是 1981 年道孚 M6.9 地震破裂和 1955 年康定 M7.5 破裂。近代曾发生过 1972 年康定 M5.8 震群。近期研究表明，康定－道孚段处于闭锁状态，闭锁深度 7 km 左右，具备发生 $M_W6.6$ 地震的可能性[②]。

（3）安宁河断裂带地震空区：位于近 SN 向安宁河断裂带的四川石棉－西昌之间，长约 160 km，北端紧邻鲜水河断裂带南段的 1786 年 M7$\frac{3}{4}$地震破裂，南端紧邻则木河断裂带的 1850 年 M7$\frac{1}{2}$地震破裂。已有 475~530 年未发生过 M7 及以上的地震（闻学泽等，2008 年、2009 年），近代曾有中强震发生，未能填满该空区。

（4）川滇交界东段地震空区：该空区中心在云南鲁甸一带，沿 NE 向莲峰、昭通断裂带展布，长约 100 km。空区内虽有多次破坏性地震记载，但震中记录不详，1948 年 M5$\frac{3}{4}$地震和 2003 年鲁甸 M5.5 震群、2012 年彝良 M5.7 地震、2014 年鲁甸 M6.6 地震位于该空区段。

（5）大凉山断裂带、马边地震空区：分别沿 NNW 近 SN 向大凉山断裂带和近 SN 向马边断裂带北段展布，长度分别为大于 150 km 和 50 km。空区内在较短的历史记载中未发生过 M7 及以上地震，但该地震空区一直缺少中等以上的地震。

（6）川、藏交界地震空区：位于川滇块体西边界的 NW 向理塘断裂带北西段至 NW 向白玉断裂上，沿两断裂带的长度分别为 80 km 和 70 km。空区南东侧和南侧分别是 1890 年理塘 M7 及以上地震破裂区以及 1870 年巴塘 M7$\frac{1}{4}$地震破裂区（徐锡伟等，2005 年）。空区内在不长的历史记载中未发生过 M7 及以上地震。

（7）川、滇、藏交界地震空区：位于川滇地块西边界近 SN 向金沙江断裂带中－南段至 NW 向中甸断裂上，沿两断裂带的长度分别为 180 km 和 80 km。空区北侧是 1870 年四川巴塘 M7$\frac{1}{4}$地震和 1989 年 M6.7 震群的破裂区，南侧是 1996 年丽江 M7.0 地震破裂

①　闻学泽，张培震，杜方，龙锋 . 2008 年汶川 8.0 级地震发生的历史与现今地震活动背景 . 地球物理学报，2009，52：444－454.

②　Guo R. M., Zheng Y., Tian W., Xu J. Q., Zhang W. T.. Locking status and earthquake potential hazard along the middle-south Xianshuihe fault. *Remote Sensing*, 2018, 10, 2048, doi：10.3390/rs10122048.

区。空区内在不长的历史记载中未发生过 M7 及以上地震，但近代曾分别发生过于多次 M6~6$\frac{1}{2}$ 地震。

（8）小江断裂带北段、南段地震空区：分别位于近 SN 向小江断裂带北段和南段。北段空区中的最晚破裂是 1733 年 M7$\frac{3}{4}$ 大地震，长约 120 km，空区内在 1930 年和 1966 年分别发生过 M6 和 M6.5 强震，但它们的破裂未能填满北段空区。南段空区长约 70 km，空区中的最晚破裂是 1606 年 M6$\frac{3}{4}$ 强震，1606 年至今一直未发生 M6 及以上的地震。

（9）楚雄地震空区：位于滇中的元谋 – 楚雄 – 易门之间，全长大约为 180 km，沿近 SN 绿汁江（元谋）断裂与 NW 向楚雄断裂中段展布。绿汁江断裂在该空区北侧的川滇交界发生过 1955 年 M6$\frac{3}{4}$ 地震，楚雄断裂中段则在该空区西侧发生过 1680 年 M6$\frac{3}{4}$ 地震，反映该两断裂（段）均具有发生 M7 ± 地震的能力。值得注意的是，环绕该地震空区的滇中地区，最近十多年间先后发生 1995 年武定 M6.5，2000 年和 2003 年大姚、姚安三次 M6.1~6.5，2008 年四川攀枝花 – 会理交界 M6.1，2009 年姚安 M6.0 等多次强震事件，似乎反映环绕该地震空区的滇中地区的强震活动水平增强。

（10）红河断裂带中、南段地震空区：位于滇中 – 滇东南的红河断裂带中、南段，长度分别为 220 km 和 200 km。有较详尽地震记载以来，红河断裂带上的强震、大地震均发生在弥渡及其北西的洱源、大理、弥渡之间，而弥渡盆地以南的红河断裂带中 – 南段长期缺少强震和大地震，其中中段的现今小震活动也很少。红河断裂带中、南段属于第一类地震空区，其大地震的长期危险背景不可忽视。

（11）宾川地震空区：位于滇西的宾川 – 祥云之间，沿近 SN 向程海断裂中 – 南段展布，该断裂北段曾发生过 1515 年 M7$\frac{3}{4}$ 大地震，中南段历史期间未发生过 M7.0 及以上的大地震，但曾发生 1803 年 M6$\frac{1}{4}$ 地震，空区北缘发生过 2001 年永胜期纳 M6.1 地震。

（12）小金河断裂南西段地震空区：位于 NE 向小金河断裂带南西段上，长约 70 km。该空区北东、南西两端分别是 1976 年盐源 – 宁蒗 M6.7、M6.4 震群破裂区和 1996 年丽江 M7.0 地震破裂区，从构造规模、活动性与历史最大地震强度可判断该断裂带具有发生 M7.0 ± 地震的能力。因此，小金河断裂南西段的地震空区应属于 M7.0 ± 地震破裂的空段。

（13）中甸断裂地震空区：位于 NW 向全新世活动的中甸断裂带上，长约 120 km。中甸断裂属川滇地块西边界主断裂带的一部分，但在有限长度的历史中，未记载 M7.0 及以上大地震的发生。该空区内曾在 1930 年和 1966 年发生 3 次 M6.0~6$\frac{1}{4}$的强震，但它们的破裂远未能填满该空区。

（14）滇西南的地震空区：分布有位于 NE 向活动断裂上的参考性地震空区，分别是：腾冲 – 瑞丽地震空区，位于 NE 向瑞丽、大盈江、镇安等断裂上，尺度约（120 × 110）km²；耿马西地震空区，位于耿马以西的 NE 向南汀河断裂上，长约 70 km；孟连地震空区，位于孟连附近的 NE 向孟连断裂上，长约 70 km。

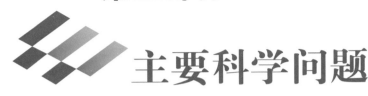

第三部分
主要科学问题

（一）前沿科学方向

中国地震科学实验场前沿科学方向主要有三个方面：

大陆型强震孕育环境：针对印度板块动力边界加载、活动地块运动调整、断层运动状态、构造带变形机制等，开展地质构造演化、活动地块划分、壳幔介质结构、区域变形特征、壳幔介质流变结构、热力学结构、高原隆升作用等研究，系统分析大陆型强震的孕育发生动力学环境，关注时间、空间上不同尺度的地震现象的相互关系与转化。

地震发生过程：针对大陆动力学框架的活动地块、主要断裂带、孕震断层段应力应变分配过程，开展级联破裂、断层运动闭锁程度、断层应力状态、断层摩擦力学性质等震源物理模型研究，科学认知大陆型强震孕育发生的动力学全过程。

致灾机理：选择典型场地和城市，开展场地地震效应、地震地质灾害形成机理、工程结构破坏机理、地震灾害风险监控、地震动预测与灾害情景模拟等研究，为地震灾害风险评估和韧性城乡建设提供技术支撑。

（二）近期聚焦的科学问题

中国地震科学实验场近期聚焦的科学问题主要有 18 个：

（1）如何构建川滇地区统一的大尺度岩石圈结构模型？如何认识强震孕震环境与岩石圈结构的关系？

（2）地下介质性质变化（如波速、各向异性等）在多大程度上反映了地壳应力状态变化？如何影响地震孕育发生过程？是否可观测？

（3）川滇地区主要断裂存在断层分段和级联破裂，其主要控制因素是什么？

（4）如何利用激光雷达扫描技术（LiDAR）、GNSS、超密集台阵等新观测技术构建高分辨率断层精细结构模型？

（5）如何精准获知川滇地区主要断裂现今运动状态？是否存在断层"蠕滑"行为？

（6）川滇地区主要活动断裂的晚更新世活动速率、古地震活动历史、最后一次强震的离逝时间是什么？

（7）缅甸弧俯冲作用如何影响川滇主要断裂应力应变累积过程？如何构建应力应变动态变化数值模型？

（8）在板块边界带已观测到很多低频地震事件，这种现象在大陆地区是否存在？

（9）强震前是否存在亚失稳现象？如何在野外观测验证？

（10）地下应力状态是怎样的？地震引起的库仑破裂应力变化是否能够直接触发地震？能否通过观测验证？

（11）地震学方法、大地测量方法以及其他方法测量得到的应力、地震应力降等，相互之间是什么关系？

（12）川滇地区经常观测到地震前有地下流体异常变化，如何认识其内在物理机制？可否进行数值建模？

（13）现有数值地震预测模型在多大程度上反映了真实情况？关键构成要素有哪些？

（14）如何基于现有观测数据构建强地面运动情境？怎样在减轻地震灾害风险中发挥作用？

（15）川滇地区地震造成的农居和城市民居的破坏特征是什么？各种工程抗震措施的效果如何？

（16）梯级水电站等重要工程设施和生命线工程如何有效防范重大地震及次生灾害风险？

（17）影响现代城市韧性的主要因素有哪些？如何通过工程措施和非工程措施提高现代城市韧性？

（18）人类活动对地震活动的影响有哪些？如何安全地开展生产活动而不诱发地震？

（三）主要技术途径

中国地震科学实验场的主要技术途径主要体现在两个方面：

1. 突出科学观测

基本考虑：**基于明确科学目标的高水平科学观测是实验场成功的基础**。一是开展深部环境探测，获取地下真实精细结构信息；二是在主要断裂开展多手段密集综合观测，获取孕震过程动态信息；三是在盆地和城市开展强震动和结构响应观测，深化破坏机理认识，指导工程抗震。

在实验场科学观测中，要充分利用现有观测资料，整合国家重大科技项目及直属单位业务和科研观测资源，有计划地开展补充性基础观测。

（1）充分利用现有资源

① 充分利用固定监测台网和中国地震科学探测台阵等已有的测震学观测，构建川滇及附近地区岩石圈波速、各向异性、衰减性质等介质结构高精度三维模型，并发展全面评估介质模型准确性的评价方法和壳幔结构介质推荐数值模型（问题1、2、17）；给出实验场区现今中小地震重新定位结果、震源机制解、近期6级以上地震同震破裂模型等，为断层模型（问题4、17）、区域应力应变模型（问题2、7、10、11）、强震概率预测（问题13、18）等研究提供测震学研究基础。

② 充分利用实验场区温泉地球化学观测现有数据，在川滇重要断裂带构建壳幔温度数值模型，探索震前地下流体温度变化物理机制（问题12）。

③ 开展高新观测技术和已有观测数据的融合及综合利用研究，开展张衡系列卫星和合成孔径雷达干涉测量（InSAR）、电磁、热红外、高光谱、重力等卫星观测资料综合应用（问题11）。

（2）针对问题强化观测

① 沿主要断层利用机载LiDAR开展地形地貌高精度扫描，结合已有活动断层探测结果，挖掘古地震同震信息，构建川滇主要断裂几何模型和变形模型（问题3、4、6、7）。

② 针对川滇主要断裂的各断层段，在其两侧数十千米范围内布设2 km~5 km台间距的密集连续GNSS台网，探索大地测量模型的共建、共管、共享的观测模式，结合InSAR观测数据，构建现今断层运动模型（问题3、4、5、6、8）、断层摩擦物理性质（问题4、5、7、9）、块体运动模型（问题1、3、7、8）、壳幔粘滞结构（问题1）、火山区变形模型（问题7）等。

③ 选择重点构造部位，在断层两侧数千米范围内布设300 m~500 m台间距的超密集地震台阵，构建浅层介质模型（问题14）、断层深部运动模型（问题3、7、8、9），开展主动源地下介质时变观测（问题2）。

④ 选择川滇地区若干典型城市，建设地震动和工程结构响应密集观测网络，建设地表与地下地震动的高密度立体观测网络（问题14、15、16）；选择川滇地区若干重要基础设施和生命线工程，建设结构地震响应的多手段观测网络（问题14、15、16、18）。

⑤ 在科学研究过程中，针对诸如城市韧性、人类活动诱发地震等（问题17、18），

以及科学家团队针对具体问题提出增加的观测。

2. 重视超算模拟

基本考虑：**在科学观测的基础上，对海量数据进行分析处理、科学建模和模拟仿真是当前国际地震科学主流方向。**一是建设实验场超算平台，与国家超算能力发展同步；二是发展地震全过程数值模拟并逐步实用化，彻底改变地震预测长期依赖经验统计的局面。

（1）建设数据共享和科学计算平台

建立现代化的数据汇集、管理、服务的开放共享平台，提供友好的科学数据共享接口，充实高性能计算人才队伍，整合升级地震系统现有超算资源，充分利用"太湖之光"等国家级超算平台，形成基于网络协同的卓越计算科学环境。

（2）开展全过程地震数值模拟

利用大数据、人工智能、高性能计算开展地震孕育、发生、成灾全过程的数值模拟，实现从单个地震秒级破裂过程（问题3、14、15、16）到横跨多个断层（问题1、3、7、8、10、13）、跨越千年尺度的地震模拟（问题3、7、8、10、13），实现从地震破裂到工程结构响应的全链条数值仿真（问题14、15、16、17），积累实践案例，发展验证方法。采用模块化设计，形成系列的科学研究和技术开发的软件工具包。

决定性实验

19世纪的物理学家以为光波是一种实在的波动，并且设想有一种传播光波的特殊介质，叫作"以太"（Aether）。如果真的存在这种以太，地球在其中运动，应能感到扑面而来的"以太风"。物理学历史上著名的迈克尔逊（A. Michelson）-莫雷（E. Morley）实验，就是为了测量这种以太风的。

迈克尔逊-莫雷实验是19世纪最出色的科学实验之一，它的原理简单明了，但设计十分机巧，结果令人信服，是导致一场后果影响深远的科学革命的"决定性"实验。迈克尔逊-莫雷实验的结果是否定的结果，即在一定的精确度范围内，光速在逆行和顺行时是相等的。这意味着：自然界并不存在以太！

迈克尔逊-莫雷实验这样一个"决定性"实验得出了跟一般的想象大相径庭的结果。但是，正是这个实验推进了科学的发展，成为了爱因斯坦狭义相对论的两条基本原理（光速不变性和相对性原理）的重要实验基础。

第四部分
重要研究内容

（一）透明地壳

1. 地质构造演化模型

科学问题：

青藏高原是一个经历过复杂地质和动力学演化历史的，由不同层次、不同时期和形成于不同构造环境的构造地质体所组成的造山带，位于其东南缘的实验场区域由于涵盖了其中众多的次级块体，构造变形显著且极其复杂，因此为了深刻了解实验场区域的构造演化模式就必须从整个青藏高原的构造背景入手。

和实验场区密切相关的研究主要涉及以下方面：

（1）印度板块与欧亚板块陆陆碰撞的物理机制和力学过程及其对实验场的影响。

（2）青藏高原内如何实现从挤压向走滑的构造转换，青藏高原东南缘物质侧向挤出（逃逸）的动力学机制研究。

（3）青藏高原的深部结构、作用及其与浅层变形的耦合关系研究等。

技术手段：

图4.1为地质构造演化模型图。构造演化模型以地球物理、地球化学观测数据得到的结构模型为基础，以大地测量数据为边界约束，结合地质调查得到的构造历史认识，利用数值模型方法得到构造演化动力学模型，模型可通过与实际观测对比进行修正。板块边界加载和深部作用共同影响地质块体的运动调整、区域及断层的变形模式，从构造演化到地块模型再到区域变形模型，最后到断层变形模型的分析过程正是强震应力应变积累的一个完整过程。

现有基础：

地球物理观测得到的波速结构、电性结构、各向异性以及地球化学给出的大地热流等研究成果可用于构建较为精细的岩石圈结构，推测深浅构造特征。目前相关研究成果较

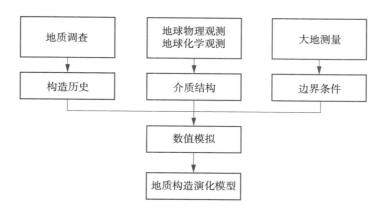

图 4.1　地质构造演化模型图

为零散，尚缺乏统一的结果认识。大地测量得到的现今形变场可以为模型提供很好的约束，目前川滇地区有一定数量的 GNSS、跨断层基线、水准观测等，但部分区域可能存在观测不足。

详细的野外调查、构造分析、年代学研究等地质构造研究成果则是整个构造演化历史重建的关键，也可为模型模拟结果的合理性检验提供重要依据。

工作重点：

（1）构造演化历史重建

青藏高原具有"多陆块、多岛弧"组成的基本格架和显示"多洋（海）盆、多俯冲、多碰撞和多造山"的动力学作用过程。陆块间的汇聚及俯冲使陆块消减，而地体碰撞过程中形成的大型剪切带、大型断裂使陆块或复合陆块叠覆、错位、挤出、远离原地，后期大型盆地的形成又使块体和复合块体的原型遭到覆盖。对青藏高原的构造演化历史的重建对于块体划分具有重要参考意义。

（2）地块构造特征分析

不同活动地块其运动方式和速度是不同的，活动地块的边界带由于切割地壳深度大、差异运动强烈并且构造变形非连续性最强，最有利于应力高度积累而孕育强震。实验场区内涵盖了多个不同级别的活动块体，因此研究在区域地质构造演化的框架下各活动地块的构造特征、分析各块体间的相互影响就显得尤为重要。

（3）边界动力加载影响

从大尺度的板块动力加载来看，实验场区主要受印度板块和欧亚板块陆陆碰撞的作用影响。在这种作用下形成了沿喜马拉雅弧形造山带和一系列向南凸出的弧形构造体系，并在造山带的东西两端分别形成了"东、西构造结"。而"东构造结"向高原北东方向的插入迫使高原深部物质绕过该构造区运动，并形成一系列北西向、北北西向的大型走滑断裂系。作为次级块体边界的这些走滑断裂系的活动对于青藏高原物质向东南方向运动有显著影响。

（4）深部作用机制探讨

重力异常、GNSS、地质学、地壳各向异性等资料均表明川西高原的中下地壳流变强度比正常地壳弱，青藏高原东部地壳与地幔可能存在解耦，因此造成青藏高原东边界弧形左旋走滑运动的深部驱动机制可能是中下地壳的流动。但不同部位的构造动力学环境可能存在差异，因此在底部拖曳作用影响下上部脆性地壳的不同断裂带的运动也存在差异。另外，地壳各向异性的研究结果还表明，实验场部分区域例如腾冲火山区下方可能存在地幔热物质上涌现象，可能与印度板块东向深俯冲至地幔转换带并滞留脱水等动力过程相关。

（5）动力学关键参数确定

地球动力学中的关键物性参数——粘滞系数，在不同的科学问题中其取值范围有明显差别，通过动力学模拟得到的地表速度场、应变场等结果与实际观测进行对比，探索结合数值模拟结果与实际观测数据的对比，对等效粘滞系数等关键参数给出可靠的约束，从而为认识构造演化的动力学机制提供动力学关键性参数，将是实验场的工作重点。

工作计划：

（1）积累更多的研究资料，引入更多的新方法，开展更多的区域地质调查工作。

（2）对场区内的块体进行更细致的划分，为认识地质构造作用对块体的影响提供块体框架。

（3）对现有观测台站进行加密布设，融合使用多类数据，补充收集境外的部分观测数据，为建立结构和断层模型服务。

（4）对部分研究薄弱区域开展进一步工作，并且结合目前已有的模型、数据，建立可供使用的统一的结构模型。

（5）建立准确的断层模型，进一步分析构造对断层变形的影响。

（6）积极吸纳国内外先进的动力学模型和算法，提升模型可用性，充分利用集群优势。

阶段性目标：

（1）为地块模型的块体细化提供重要的构造演化历史参考，指导构造演化研究。

（2）为动力学模拟需要的介质模型提供基础参数，反过来也可验证介质模型的合理性。

（3）为区域变形、断层变形等研究提供边界条件。

进度安排：

（1）十年内阶段目标

随着对青藏高原构造演化历史更加准确地研究，在对板块边界加载和不同深部作用综合考虑的基础上，推动主要块体运动调整的研究，在不同块体间相互影响分析的基础上开展实验场典型区域变形机制、区内断裂带应力加载等研究，从而实现强震应力应变积累过程及动力来源的系统研究。

而要实现这一目标，需要地质构造演化研究、地块模型、区域变形模型、断层变形模型等各部分工作都取得相应的进展。

（2）优先发展方向

通过针对研究薄弱区补充开展地质调查等工作，构建青藏高原较为可信的构造演化历史，研究在这种演化背景下，印度板块俯冲对青藏高原隆升和物质逃逸的影响，进而研究在这种板块边界动力加载及深部作用的联合影响下，实验场区主要地块的运动调整和块体间的相互作用，以及块体边界带断裂体系的演化过程与发展趋势。

2. 地块模型

国家重点基础研究发展规划（973）项目《大陆强震机理与预测》在系统分析中国大陆晚第四纪以来构造变形的基础上，提出现今构造变形以地块运动为特征的科学认识，对活动地块的科学内涵、基本性质、划分原则、判别标志进行一系列研究，给出了中国大陆活动地块的划分结果。对活动地块的运动和应变速率、主应变方向、张压特性以及边界带滑动速率大小等方面与强震活动的关系进行分析，揭示了活动地块的运动变形对大陆强震的控制作用。认为板块运动、地幔活动驱动大陆运动、大陆内部的地块活动实施应变能的动力学分配、块体边界的深浅构造特征控制着强震的发生地点和过程。

科学问题：

（1）定义：活动地块是被形成于晚新生代、晚第四纪（10万~12万年）至现今强烈活动的构造带所分割和围限，具有相对统一运动方式的地质单元。

（2）性质：活动地块继承性与新生性并存，地块边界可以与地质历史上的地质块体相一致，也可以具有新生性，与老块体边界不一致。活动地块具有分级性，高级别地块内部可能存在次级地块，但不同地块之间或不同级别地块之间的构造变形在更大区域框架下具有协调性。活动地块具有分类性，一类是内部相对稳定，不发生大幅度构造变形；另一类是内部次级块体之间发生相对运动，具有一定的构造活动性，但不论是其活动强度还是频度都远小于边界活动构造带。

（3）特点：活动地块从时间尺度上是研究形成于晚新生代、晚第四纪的强烈活动的地质构造，着重强调与未来强震活动密切相关的现今时段；从状态上是指现今仍在活动，并且与未来强震有关的地块运动及相关的构造变形。

（4）划分原则：将晚第四纪到现今的构造活动性作为活动地块的划分原则。第一，影响着中国大陆内部地貌格局和环境演变的构造运动起始于新生代晚期，而控制着强震发生的活动地块边界带从晚第四纪到现今强烈活动。第二，划分活动地块的目的是从地块相互作用和区域变形协调的角度研究成组强震的发生机理，只有晚第四纪到现今时段的构造活动性才与未来强震密切相关，那些构造活动性弱或不活动的地质构造与强震的发生没有直接关系。

（5）中国大陆活动地块划分：将中国大陆及其邻区的活动地块划分为两级：6个Ⅰ级活动地块，包括青藏、西域、南华、滇缅、华北和东北亚；22个Ⅱ级活动地块，包括拉萨、羌塘、巴颜喀拉、柴达木、祁连、川滇、滇西、滇南、塔里木、天山、准噶尔、萨彦、阿尔泰、阿拉善、兴安－东蒙、东北、鄂尔多斯、燕山、华北平原、鲁东－黄海、华南、南海。

现有基础：

活动块体划分的主要依据为地震活动、构造活动历史、岩石圈结构、地壳形变图像、地球物理异常及地球动力学背景等的差异，基于百万年时间尺度的新生代构造、万年时间尺度的活动构造、百年时间尺度的强震活动、十年时间尺度的形变测量和现代地球物理资料，是多学科、不同类型资料、不同时间长度的信息综合研究的结果。

不断发展的构造演化模型、介质模型、断层模型、区域变形模型和断层变形模型是川滇地区活动地块模型研究的基础数据。

有专家在对高分辨率数字卫星影像处理与解译、野外实地调查、断错地貌面（线）高精度测量、测年等工作基础上，将川滇地区划分为4个一级块体，马尔康、川滇菱形、保山－普洱和密支那－西盟块体；受次级北东向断裂的切割，川滇菱形块体可进一步划分为川西北和滇中2个次级块体，保山－普洱块体包括保山、景谷和勐腊3个次级块体；同时，确定了次级活动块体的边界类型和运动学参数[①]。此外，利用GNSS数据得到川滇地区地壳水平运动速度场，也被用于划分川滇地区的活动块体，研究其运动特征和边界类型[②-⑤]。

① 徐锡伟，闻学泽，郑荣章，马文涛，宋方敏，于贵华. 川滇地区活动块体最新构造变动样式及其动力来源. 中国科学 D辑，2003, 33（增）：151-162.
② 王敏，沈正康，牛之俊，张祖胜，孙汉荣，甘卫军，王琪，任群. 现今中国大陆地壳运动与活动块体模型. 中国科学 D辑，2003, 33（增）：21-33.
③ 吕江宁，沈正康，王敏. 川滇地区现代地壳运动速度场和活动块体模型研究. 地震地质，2003, 25：543-554.
④ 乔学军，王琪，杜瑞林. 川滇地区活动地块现今地壳形变特征. 地球物理学报，2004, 47：805-811.
⑤ Shen Z. K., Lu J., Wang M., Burgmann R.. Contemporary crustal deformation around the southeast borderland of the Tibetan Plateau. *Journal of Geophysical Research*, 2005, 110, B11409, doi：10.1029/2004JB003421.

工作重点：

（1）川滇地区活动块体划分

随着近十多年来的观测、实验和检测技术的发展，川滇地区的活动断裂探测、区域GNSS形变观测、重力剖面观测、大地电磁测深观测和地震台阵观测等的资料逐步丰富，使得对区域构造演化、介质特性、变形特征和断层运动变形特点有了进一步认识。有必要利用这些资料进一步划分川滇地区次级活动地块，分析其运动与变形特征，探讨区域地球动力学特征，研究区域强震机理和预测技术。

（2）活动地块边界带动力作用与强震关系研究

活动地块边界带的动力作用是导致强震孕育和发生的重要原因，活动地块边界带是未来强震的主要发生地带，同时活动地块边界带具有十分复杂的几何结构和深浅构造关系，大多数活动地块边界带的活动习性和古地震活动遵循不同的规律，边界带现今变形分布及其导致的应变积累与强震也并非简单的对应关系。为了深入理解大陆强震的机理，需要对构造和强震活动强烈的典型活动地块边界带进行深入的解剖和研究，查明地块边界带三维几何结构与深浅部构造耦合关系、物质组成与物理性质、应变分布与演化图像，探索活动地块边界构造变形与强震发生的内在机理。

（3）活动地块的深部结构和动力作用研究

虽然中国大陆的构造变形和强震活动受控于活动地块的变形与运动，但整个大陆岩石圈却似乎以连续变形为特征，而不是以刚性块体滑移和相互作用为特征。另外，活动地块的变形在深度层次上是不同的，上地壳以脆性变形为主，表现为整体性的地块运动和地块间的相互作用，下地壳和上地幔以粘塑性的流变为特征，在周边板块作用下发生连续流动，从底部驱动着上覆脆性地块的运动。因而，在大陆构造变形过程中，上部脆性地壳的分块运动是普遍方式，不仅有整体性好的刚性地块运动，还有整体性不好的似块体运动，而内部发生强烈变形的地块只是在整体变形场中的特定部位发生。因此，有必要研究：活动地块的不同类型及其分类特性；活动地块的深浅部结构及其基本特性；活动地块的深部驱动机制；活动地块整体性的块体运动和块体内部连续变形的关系及其动力学机制等。

阶段性目标：

强震是在区域构造作用下，应力在变形非连续地段不断积累并达到极限状态后突发失稳破裂的结果，活动地块边界带由于其差异运动强烈而构造变形非连续性最强，最有利于应力高度积累而孕育强震。依据活动地块和活动断裂定量研究资料判断未来强震可能发生的地点可为强震中短期预测缩小范围。对典型活动地块边界带上的强震危险性进行预测，可以给出边界带上不同段落强震危险程度的差异，危险度最高的段落发生强震的可能性最大，这就为强震的地点预测提供了重要依据。

活动地块研究除了可直接服务于强震机理与预测之外，还可应用于区域构造运动和动力学研究。

进度安排：

（1）川滇地区活动块体划分。

（2）活动块体的边界类型和运动学参数研究。

（3）活动块体边界带动力作用与强震关系研究。

（4）活动块体的深部结构和动力作用研究。

3. 统一断层模型

科学问题：

统一断层模型是指围绕特定研究区系统收集整理断层的几何学、运动学、动力学基础信息，结合地震地质资料、地球物理探测、地震学、钻孔资料等信息，建立的研究区的断层系统信息。断层模型主要以活动断裂研究为主，包括断层的类型、几何分段及长度、切割深度、滑动速率、历史地震、古地震、同震位错、破裂分段与级联破裂及断层在地表以下的空间三维结构等信息，即空间三维断层模型。研究断层模型，同时也包括对已有资料可靠性和丰富性的评价、断层解释模型合理性的检验、断层分段变形特征和演化过程的研究等。伴随新资料、新认识、新方法、新理论的不断汇集引入，三维断层模型的版本需升级，确保模型的日臻完善。

美国南加州地震中心（SCEC）统一断层模型（community fault model，CFM）的构建及版本更新历史对实验场断层模型的建立具有极为重要的借鉴作用。实验场与美国南加州在构造背景及资料的丰富程度上还有较大的差异：

（1）构造属性差异。实验场的全部构造均为板内构造，而美国南加州为板块边界构造带。

（2）资料丰富程度差异。CFM对不同部位构造的地表及地表以下的结构细节日益清晰完整，特别是对盆地的三维结构及滨海隐伏构造的调查都有了精细成果。对比而言，实验场的地震地质资料还不丰富，主干断裂虽有调查，但详细程度待加强，部分次级断裂的活动性调查仍亟待开展；部分地区属少数民族地区，经济发展落后，历史地震的记录和识别存在诸多困难；实验场内开展的跨断层地球物理剖面探测不多，对断层的深部构造了解存在局限；实验场内断裂带沿线的盆地结构目前资料有限。

对断层的活动时代鉴定差别很大。以云南地区为例，除了近两年来冉永康和学生们在红河断裂上开挖探测，发现了红河断裂的古地震活动之外，以往所有的研究都认为这条断裂不活动。其他断裂几乎没有科考的古地震数据。

（3）新技术、新方法、新手段在实验场的广泛应用程度差异。美国南加州地区已建立了统筹协调的工作机制（SCEC 4），在年代样品测试、B4–LiDAR 数据覆盖、活动断层系统野外调查、探槽开挖等方面积累了丰富的经验和成果，多学科协同工作模式供全球科学家借鉴，而实验场内在研究团队统筹、新技术、新手段方面在组织和运行上还处于起步阶段。

综上所述，SCEC 断层模型的构建及更新工作模式可供实验场借鉴，同时实验场应结合自身特点，建立适应实验场自身特点的新的断层模型工作思路和流程。

技术手段：

工作路线图主要涉及统一断层模型建立所依赖的基础数据资料的整理过程阶段，新资料汇入带来的模型补充、修正和完善，以及与其他模型系统之间的相互借鉴和改进（见图 4.2）。

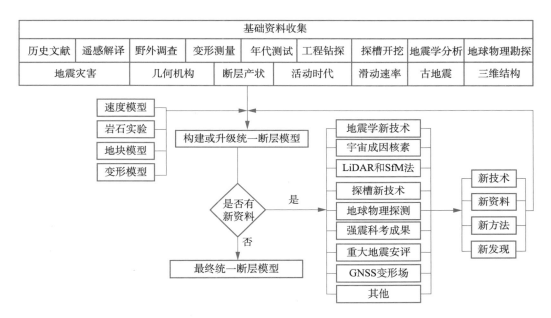

图 4.2　统一断层模型工作路线图

现有基础：

（1）实验场历史文献

目前，实验场地区的历史文献资料汇编成果有《四川地震资料汇编》《云南省地震资料汇编》《西藏地震史料汇编》《宁夏回族自治区地震历史资料汇编》《甘肃省地震资料汇编》《陕西省志·地震志》等。

后续应重视：

① 文献记载中有关的地震次生灾害的记载与野外调查的结合，高分辨率卫星影像的使用对验证文献记载中有关"地滑""山扒皮"等对应的大型滑坡体、崩塌体的位置和规模都有极大的帮助。

② 文献记载中已有的地震发生的信息，在分析中是否有"漏掉"的可能。

（2）实验场专著和地质图

实验场已有地震地质专著和 1∶5 万地质图的出版是对以往地质工作的总结，为后续的研究者提供了重要的借鉴途径。针对实验场主干断裂的部分断裂带，已出版了研究专著和相应的地质图资料，如《红河活动断裂带》《小江活动断裂带》《滇西北活动断裂带》《鲜水河 – 小江断裂带》《西秦岭北缘断裂带》《鲜水河活动断裂带》《中国大陆大地震中、长期危险性研究》等。

川滇地区主干断裂 1∶5 万地质图目前已出版的包括了则木河断裂带、鲜水河断裂带（不完整）、安宁河断裂带（不完整）、小江断裂带、红河断裂带的条带状地质图，随着喜马拉雅计划后续成果的整理出版，主干断裂的研究成果日益丰富。

（3）实验场已实施的专项

目前，中国地震局实施的 973 项目共有三个，全部或主要部分均与实验场有关。例如第一个 973 项目《大陆强震机理与预测研究》，提出了"活动地块"的概念，在川滇地区开展了大量的地震地质工作；第二个 973 项目《活动地块边界带的动力过程与强震预测》，重点对鲜水河、安宁河、则木河、大凉山等断裂带的晚第四纪活动特征开展了详细研究，发表了系列研究成果；第三个 973 项目《汶川地震发生机理及其大区动力环境研究》，是汶川地震之后围绕汶川地震发生机理及大区动力环境特征研究实施的，为汶川地震的发震机理提供了重要的理论认识。

此外，中国地震局针对川滇及周边地区自 1996 年丽江地震以来开展了 7 次中强震的多学科系统科学考察，从地震地质、地震学、地球物理等方面开展科学总结，为这一地区的研究提供了重要的科学结论。

（4）石油、地勘行业数据资料

川滇地区大部分盆地及其周缘，如四川盆地、景谷盆地等都采集了大量石油物探反射剖面（二维、三维），以及各种钻井资料及其相关的测井数据；地勘行业也部署了大量钻孔，有较完整的第四纪地层划分方案和标准；这些资料对研究浅层地壳（断层和速度）结构具有非常重要的借鉴价值。此外，中国科学院、中国地质科学院、中国地质大学等科研院所或机构的深地震反射剖面、深部 P/S 波速度结构、重力、地磁、电性等数据和结构，都可以为统一断层模型提供重要的数据基础。

工作重点：

统一断层模型具有一系列的实际用途：

（1）向公众发布产品，起到地震地质科普作用，宣传科研最新产品作用。

（2）有助于从二维和三维的角度分析特大地震的震源破裂过程。

（3）有助于分析断层之间在三维空间上的交切关系及强震的级联破裂特征。

（4）作为基础数据，参与各类地震危险性预测产品的计算过程。

（5）作为更新的基础数据，为编制中国下一代区划图提供最新的活动构造基础资料。

统一断层模型在研究过程中，随着新技术、新方法、新成果的汇集，不断推出升级版本，不断总结和完善断层建模技术方法和流程，制定适用于活动断层建模的行业标准，避免断层模型多样化、缺乏精度和检验、不能统一和应用等问题。

工作计划：

统一断层模型的更新驱动包括新数据、新认识的出现以及自身结构的调整等，可以将 SCEC 的 CFM 各版本更新所包含的关键内容予以分析、借鉴和参考。

阶段性目标：

（1）参照 SCEC 的运作模式，在断层模型逐渐成熟后，可以结合变形模型、地震发生频率模型及地震概率模型，参与编制实验场的地震概率分布图。

（2）实验场早期的断层模型中，部分次级断裂几何展布的几何信息和属性信息不完整，可以结合断层模型的特点，部署或收集相关最新资料，为版本的升级和完善提供查询支持，这是断层模型发展完善的必然要求。

（3）为新一代地震区划图的编制提供数据更新支持，由于实验场将统筹川滇地区的地震地质工作，因此更新版本的断层模型将为国家标准（例如新一代区划图编制）的更新提供支撑。

进度安排：

（1）未来 5 年优先发展方向

1）实验场地震地质资料的系统收集整理和入库。在已有实验场区活断层资料的基础上，完善信息，继续收集整理活断层调查成果、大型水电核电项目安评报告以及相关科研项目成果，编制资料档案，按照规范数字化存档。

2）基于实验场内 1∶50 万活动构造图设计和完善断层模型 V4.0 的数据结构，补充完善各版本内属性信息，结合最新研究进展更新断层的几何信息及对应的属性信息。采用 SKUA-GoCAD 和 ArcGIS 等平台进行断层结构的可视化展示，实现多源数据的整合与坐标系转换和统一，并输出可移植性的、其他软件兼容的可编辑图件和数据属性。

结合最新活动断层调查数据（1∶5万）、震源机制、小震精定位等结果，进一步修改川滇地区断层模型，逐步将现有版本（见图4.3）升级到V4.0版。

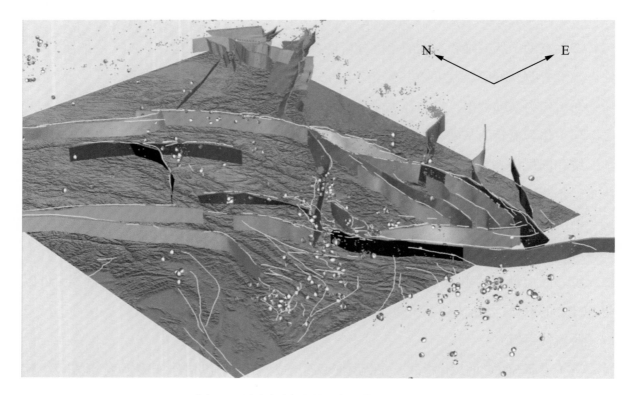

图4.3　川滇实验场的统一断层模型V1.1版本

3）开展：①小江断裂带南端与楚雄－石屏－建水断裂带及红河断裂带交汇区的断裂的相互交错关系及其证据研究；②滇西张性环境条件下的盆岭边界断裂活动与盆地沉积结构特征之间的关系分析；③小江断裂带北端与莲峰－昭通断裂带走滑－逆冲交汇区的活动断层调查研究；④石棉、天全附近鲜水河断裂南段、龙门山断裂南段与则木河断裂北段、大凉山断裂西北段的交切区走滑－逆冲的活动断裂的相互关系调查研究；⑤锦屏山断裂活动习性及其与丽江－小金河断裂构造关系研究。

4）结合断层模型V1.1版本的资料详略程度及LiDAR等技术在国内应用的经验，在川滇主要断裂上开展基于LiDAR和运动恢复结构（structure from motion, SfM）等技术的断裂位错和地貌的高清扫描，分析多次地震事件的水平和垂向滑动量沿断裂的分布特征，同时考虑在几何变形量精确量测的同时，采集宇宙成因核素和AMS-^{14}C、OSL样品综合测年，使得局部段的位移速率和古地震同震位移可以精确给出。

5）对断裂活动性参数不详的断裂和断裂段，包括构造交切和构造转换部位的断裂（段），以多种高精度地形数据采集为基础，开展高质量地震地质调查，获取断裂活动性证据、滑动速率和古地震复发数据。同时，对已有研究成果，如断裂滑动速率和古地震序列进行数据检验和置信评估。

6）历史地震同震破裂与震害调查。利用震前、震后的卫星（1 m 分辨率）获取历史地震同震破裂和震害空间展布，并分析同震变形场和地震次生灾害与发震构造的关系。

（2）10 年内阶段目标

参照 SCEC 的发展历程及版本更新模式，随着后续实验场自身启动的地震地质工作、地球物理探测及同时期在实验场内开展的各类科学工程及能源勘探的成果资料，促使实验场断层模型逐步推出 V1.0、V2.0 和 V3.0 版本（见图 4.4），实现对断层模型从二维向三维结构认识的转变。在 2030 年左右推出与目前 CFM V5.0 相当的版本，为实验场的其他模型提供更精细的地质资料。

新技术方法应用：

川滇地区活动断裂的地震地质调查积累了一定的基础数据，但由于实验场区活动断裂非常发育，断裂数量和分支众多，地震地质资料的丰富程度详略不等。主干断裂的研究程度较多，如则木河断裂；次级断裂研究较差，如昭通 – 莲峰断裂。主干断裂虽有调查，但详细程度待加强，部分次级断裂的活动性调查仍亟待开展。已开展的工作多集中在断裂带的局部点，系统的线性调查与美国南加州的调查详细程度差别较大；部分历史地震的规模及发震构造确定仍期待深入研究；历史地震的地震地质灾害的调查工作有待深入；新技术、新手段如 LiDAR 和 SfM 技术在实验场的应用有限，推广进程较缓慢和局部。

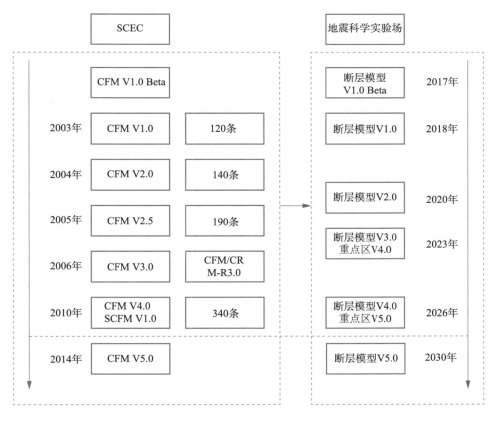

图 4.4　阶段目标示意图

活动断裂的研究在很大程度上受益于地表形态的可视化和地貌指标的定量分析。激光雷达扫描（LiDAR）技术能够快速测定大范围的高分辨率三维地形，有效去除地表植被或人工地物的影响，逐渐成为断裂带地表位错测量以及构造地貌量化研究的可靠技术手段，在人迹罕至或植被覆盖密等传统方法无法解决的数据匮乏区，机载LiDAR技术具有特别突出的强大优势。机载LiDAR数据在水平和垂直方向上可达到厘米级精度，而地基LiDAR密度则更高，可达毫米级。美国B4-LiDAR项目系统采集了美国南加州地区包括圣安德烈斯断层南段和圣哈辛托断裂的三维地形数据，点云密度平均为3点/m²~4点/m²，对美国南加州的地震断层研究产生了深远影响。对研究对象实施一定时间间隔的多次扫描，刻画其随着时间发生的细微变化，再现真实世界的动态变化特征，深化理解地表过程的类型和速率。例如，2010年墨西哥El Mayor-Cucapah地震之后，Oskin等（2002年）利用发震断层的震后与震前机载LiDAR地形数据差分研究，获得近断层弥散式同震变形分布图像，揭示了常规技术方法所无法展示的同震位移场的丰富信息。

我国在活动断层系统野外调查方面应充分利用新技术和新手段，开展LiDAR高精度地形数据采集等高质量、基础数据的获取工作。在川滇地区，由于植被茂密，常规的活断层研究程度较低，LiDAR技术优势恰好能提供一个优越的解决方案。而在我国大范围高精度断裂廊带LiDAR数据的采集工作几乎还是一片空白，其优势还没有充分发挥，因此有巨大的前景和较迫切的需求。

以机载LiDAR为主，根据不同地区地形和植被条件采取多种LiDAR扫描平台和设备，对川滇地震实验场区的主要活动断裂进行廊带三维激光雷达扫描，获得分辨率0.5 m~1.0 m的数字地表高程模型（DSM），开展主要活动断裂的高精度构造地貌调查，结合古地震探槽，精细识别和测量断错地貌特征，获取主要活动断层几何展布、位错量，构建历史破裂期次和规模。这将在以活动断裂为主体的地震构造勘察量化以及潜在震源区甄别中发挥重要作用。

4. 统一介质模型

科学问题：

统一介质模型是以地震学为主要方法和手段，整合人工地震、重力、大地电磁等地球物理探测和地质观测数据，构建统一的区域三维介质物理和几何属性模型，并开展相关的数值模拟和实验，为地震预测由经验预报到数值预测和物理预报提供基础模型。

　　川滇地区特殊的构造背景使其成为我国地学热点研究区域，关于该区域地壳岩石圈结构的研究十分丰富。自20世纪80年代以来，通过天然地震远近震走时成像、接收函数成像、背景噪声成像、天然地震及背景噪声波形反演、人工地震测深、大地电磁测深、重力勘探等方法获得了川滇地区特定构造带的二维地壳地球物理模型和局部地区地壳岩石圈三维结构模型，相关研究成果主要为探讨区域地壳岩石圈高低速分布异常与区域构造演化、强震机制、火山活动和区域动力学等科学问题的相关联系。汶川地震后，在龙门山断裂带开展了大量的地震学研究，形成了以活动块体理论为指导的龙门山断裂带深浅结构和部构造模型，为认识该区域的强震机制和地震动力学模型提供了地球物理观测与成像支持。

　　然而，由于各种原因，地震学领域内天然地震远近震成像、Pn和Sn到时成像、衰减成像、人工地震测深，以及其他结构研究方法如接收函数、地震面波和背景噪声成像、天然源波形反演等的研究成果一直处于定性的互相参考印证阶段，采用不同类型数据获得的模型的区域、分辨率、速度异常体的空间分布特征等都还存在明显的差异，导致对川滇地区一些重要地质构造和动力学演化问题的认识还存在较大的争议。此外，基于多种地震波数据的联合成像和建模工作较少，未能形成统一的地震学结构模型。地球物理多数据类型联合反演如重震、震电等联合反演结果较少，统一的综合地球物理模型尚属空白。因此，采用综合地球物理学方法以及多种数据联合反演的方法来构建可靠、高分辨率的川滇地区统一结构模型是目前亟需开展的基础性研究工作，这项工作也是很多其他研究工作的基础。

技术手段：

　　以宽频带/甚宽频带数字地震仪开展密集台阵高分辨率探测，以短周期/宽频带数字地震仪开展人工地震宽角反射/折射探测，以高频数字地震仪/检波器开展超密集台阵探测，组成多尺度地震学监测、探测系统，采用地震走时、波形反演、噪声成像、联合成像等技术，获取不同频段范围、不同类型地震波所反映的地壳岩石圈介质属性，构建多尺度、多分辨的地壳P波、S波各向同性和各向异性的速度结构模型和主要界面形态模型。综合重力、大地电磁和其他地球物理、地球化学和地质学手段的观测和勘探结果，形成统一的地壳岩石圈介质物性参数模型，为区域动力学、构造演化、强震机制、灾害评估、地震预测、震害预测等防震减灾工作提供基础模型和数据（见图4.5）。

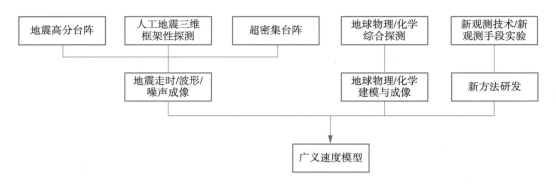

图 4.5　统一介质模型观测、处理、成果及应用流程图

此外，地震科学实验场除了需要构建统一的结构模型之外，还亟须加强以下三个方面的研究工作：

（1）多尺度结构模型构建工作，即根据实际科学和工程问题的需求，开展合适的观测实验，构建不同水平和深度尺度以及不同分辨率的结构模型。

（2）结构模型的验证和评价工作，即提出对结构模型可靠性验证和精度评价的系统性指标体系，验证和评价现有及将来产出的结构模型。

（3）四维结构模型研究，即在重点区域开展三维结构随时间变化的研究工作，以更好地提升地震监测预报及孕震机理研究的能力。

现有基础：

需要的观测资料主要包括：固定台站、国内外流动台站、反射折射剖面、井中地震仪、物探观测、钻孔数据、大地电磁剖面、重力剖面、重力观测网等，包括我国各类科研项目在川滇地区开展的密集宽频带/短周期流动地震台阵观测和地球物理剖面探测资料，以及获得的区域地球模型和有关参数结果；国内外专家利用国际合作建立的流动观测台网数据和川滇地区固定台网数据开展的各种成像研究所获得的区域波速、界面、各向异性、衰减等结构模型的相关研究成果和数据。

工作重点：

一维模型：相关研究者根据人工地震探测剖面、接收函数等研究成果，以地质构造单元为分区依据，对川滇地区不同块体采用不同速度结构，开展了地震精定位等相关工作，针对地震精定位等地震学问题形成了分区一维参考模型。

二维模型：工业、资源、能源和工程部门在川滇地区开展了大量的以反射地震、面波勘探、电法探测和钻井为主的地球物理探测，用以寻找油气藏、有色金属和煤矿等矿产资源，积累了丰富的浅层探测结构模型资料。此外，中国地震局、中国地质科学院、中国科学院等部门还在川滇地区开展了一些基于人工震源的宽角折射反射剖面探测，获得了该区域剖面下方的二维地壳和上地幔顶部速度结构模型。

三维模型：2000 年以来，随着四川盆地若干大气田的发现，伴随着密集的三维反射地震探测和丰富的钻井资料，形成了四川、重庆局部地区上地壳浅部的高分辨三维结构模型。中国科学台阵探测南北带一期在云南中部开展了人工地震二维、三维综合观测，形成了局部较为稀疏的三维观测。此外，在地震行业专项的资助下，玉溪通海盆地开展了密集的浅层探测和面波勘探，并综合该区域其他地质和地球物理资料，形成了与断裂结构耦合的盆地三维结构模型。基于现有的川滇地区较为密集的固定宽频带台站、邻近国家台站，以及川西台阵、小江台阵、喜马拉雅一期台阵等多个流动台阵，国内外专家采用了多种地震学成像等方法获得了川滇地区及邻近区域多个三维 P 波和 S 波的速度结构模型，一些研究还给出了地壳岩石圈三维各向异性结构模型。

虽然川滇地区已经有了很多采用不同方法得到的不同分辨率和不同尺度的结构模型，但模型的精确度评价（数据拟合情况）、适用度评价（方法对数据的解释能力及最优结果的描述）、可更新度评价（针对现有观测和处理方法给出分辨率与观测之间的关系）等方面的研究工作几乎没有。

工作计划：

根据川滇地区观测数据实际情况，统一介质模型的构建和更新应以地壳和岩石圈结构的更新为主，利用现有流动台阵观测数据和固定台网数据，利用接收函数方法和人工地震方法得到的区域莫霍面形态作为参考模型，采用天然地震体波成像与人工地震数据联合反演速度结构和莫霍面深度的方法构建区域大尺度三维 P 波速度结构模型；开展接收函数、面波频散和瑞利面波 ZH 振幅比数据联合反演构建三维 S 波速度结构和壳内主要界面模型；采用体波走时、面波波频散走时、接收函数等数据联合反演，构建区域更高精度的地壳岩石圈三维 P 波和 S 波速度结构模型以及 Vp/Vs 三维模型；利用莫霍面作为间断面与速度结构联合反演的方法，开展远震、近震走时成像，获取区域岩石圈上地幔速度结构模型；基于密集台阵观测数据，采用波形梯度法和程函方程等技术，确定密集台阵区域准确的地壳浅层及岩石圈速度结构图像。

以前述模型为基础，即可构建成完整的实验场区三维地壳上地幔结构模型。以此模型为基础，根据实际需求，开展补充观测和探测，不断增加观测数据、重要的实验成果，通过实测重力剖面构建适合川滇地区岩石圈特点的速度 – 密度经验公式（给出深浅不同的转换系数）、综合地球物理约束（密度与速度经验关系、实测重力剖面反演密度结构），以及精度更高的多类型数据联合反演、有限频成像、分频带走时伴随成像和全波形反演，获取更好的波形数据拟合，最终达到接近美国南加州地区统一结构模型构建的水平，其中速度模型的水平方向分辨率达到在地壳浅部约 10 km~20 km、中下地壳约 15 km~

30 km、上地幔约 30 km~50 km。

此外，还应加强区域衰减结构模型和电导率结构模型的构建研究工作。采用密集台阵数据的 Lg 波构建地壳高分辨 Lg 衰减结构，以获得的较可靠的区域三维速度结构模型为基础，采用区域地震体波、面波波形振幅信息构建区域的三维地壳高分辨衰减结构模型。收集整理不同研究团队区域大地电磁测深（MT）台阵数据，反演获得川滇地区地壳岩石圈的三维电导率模型，并开展地震数据和 MT 数据的联合反演工作，更好地约束三维速度和电导率模型。通过获得的区域速度、密度、电导率等结构模型，并以区域岩石物理实验结果为基础，构建川滇地区三维流变结构模型，为更好地认识川滇地区物质的变形特征和动力学演化模式提供基础的模型。

另外，应推进结构模型可靠性验证和精度评价方面的研究工作，建立合适、系统的模型评价指标体系，对产生的结构模型进行验证评价，从而更好地提高川滇地区统一结构模型的质量和精度，提升对川滇地区地震活动性分布特征、强震孕育发生机理等关键性科学目标的认识。

最后，需要大力推进在若干地震危险性较强的关键断裂带区域长期开展结构变化的研究工作，采用重复主动震源、背景噪声、重复地震等方法实时监测地下介质的变化，实现从三维结构到四维结构，研究结构变化的物理机制，提升川滇地区地震监测预报的能力和对地震孕育机理等科学问题研究的能力。

城市地震学

中国的城市化率已经接近 75%。探测城市下方的结构和环境，是地震科学的强项，也是对地震学绿色探测和提高分辨率的挑战，是"透明地壳"和"韧性城乡"的重要内容。选择适当的城市，开展城市地震学的工作，服务于政府城市的建设，势必得到多方面的支持。对传统地震学走出学院式象牙塔有极大的帮助。

阶段性目标：

统一介质模型的核心目标是为实验场提供断层系统分析、强地面运动预测及地震灾害评估所需要的基本三维结构模型。

因此，统一介质模型不仅应提供三维结构模型，还应结合人工地震和地质相关数据构建三维断层分布特征信息，以开展设定地震模拟，这本身可以用于估计或检验震源模型，还可以用于验证模型本身，并逐步提高模型的精度。

统一介质模型应在有条件、震害危险较高、人口密集的盆地开展密集浅层地震探测，构建高分辨的盆地结构模型，形成横向分辨几百米到千米量级的盆地模型，用以模拟大地震的真实地表强地面运动，尤其是在盆地区域的地震波场放大效应。

此外，精准的速度模型能够为地震精定位提供更好的速度参考模型，提高地震定位精度，更好地更新深部断裂空间形态和隐伏断裂的空间展布，为区域震害预测、风险评估和防御提供更好的模型。

进度安排：

（1）5 年目标

① 进一步整合川滇地区固定和流动地震台阵的观测资料，建立台阵信息数据库及原始波形纪录数据库，提升实验场地震数据的共享度，并逐步提升系统内外人员使用实验场内台站波形数据的可操作性和便捷程度。

② 建立实验场地震数据和模型产品汇总平台，包括广义震源参数信息、噪声互相关函数、远震接收函数、远震及近震横波分裂数据、地震及人工震源体波走时、面波频散、瑞利面波 ZH 振幅比、已发表的各种结构模型等。

③ 收集物探部门、地矿部门、地震部门等关于浅层地壳或近地表速度／密度结构勘察的数据，对数据进行综合整理，建立数据库，为建立统一结构模型提供必要的浅层地壳物质属性数据。

④ 统一速度模型（community velosity model，CVM）构建：逐步建立和完善川滇地区的多尺度的速度结构模型。

综合川滇所有台阵的近震远震体波走时、面波及背景噪声得到的频散数据，以及瑞利面波的 ZH 振幅比、接收函数等数据，并以大型盆地（例如四川盆地）的浅层地震剖面模型和测井数据作为地壳浅层结构约束，开展地震学联合反演工作，获得更为可靠的川滇三维地壳上地幔各向同性速度结构模型，形成川滇地区统一速度（Vp，Vs，Vp/Vs）模型 CVM-1.0 版本（1~2 年）。

在三维各向同性统一速度模型 1.0 版本的基础上，进一步采用体波走时和面波频散走时数据，开展各向异性参数反演，构建川滇地区包含三维方位及径向各向异性速度结构的统一速度模型 CVM-1.5 版本（2~3 年）。采用区域地震波形及背景噪声经验格林函数数据，开展三维伴随成像或波形成像，进一步提升模型的精度，形成三维统一速度模型 CVM-2.0 版本（2~3 年）。

在三维各向同性速度结构模型 CVM-2.0 版本的基础上，进一步采用区域地震波形及背景噪声经验格林函数数据的三维波形成像，构建包含更精细的三维各向异性结构的统一速度模型 CVM-2.5 版本（3~4 年）。融合不同研究获得的川滇地区多个盆地、城市、重点断裂带等区域的浅层或地壳浅部结构模型数据，构建川滇地区多尺度的速度结构模型 CVM-3.0 版本。（4~5 年）

⑤ 统一界面模型构建：在 CVM-1.0 版本的基础上，利用接收函数数据、背景噪声及地震尾波互相关和自相关数据、勘探数据等，构建川滇地区统一的界面结构模型，包括沉积基底、Moho 面、LAB、410 km、660 km 等重要间断面。（1~3 年）

⑥ 统一衰减模型构建：在 CVM-2.0 版本的基础上，利用区域地震体波和面波的振幅信息，发展衰减结构成像及联合成像方法，反演构建川滇地区地壳上地幔三维衰减结构统一模型。（2~4 年）

⑦ 统一电导率模型构建：收集整理川滇地区不同研究组布设的 MT 数据，开展三维 MT 反演，以及地震和 MT 联合反演，构建川滇地区地壳岩石圈三维电导率模型；在 MT 测点密集的区域，获得更高分辨率的电导率模型；最后形成多尺度的川滇地区三维电导率结构统一模型。（2~3 年）

⑧ 统一物性模型：在统一速度模型、电导率模型等的基础上，通过反演技术和实测重力、大地电磁等剖面数据，构建相互独立的速度、密度、电性属性模型，拟合深浅部不同尺度的速度 – 密度转换关系公式和其他相关的物性经验系数。（3~5 年）

⑨ 统一模型的验证和评价：发展三维速度结构、衰减结构、电导率结构模型可靠性验证和精度评价指标体系，有序地开展前期研究获得的各种结构模型的验证评价工作，并根据模型评价结果给出今后模型构建的一些指导性建议。（3~4 年）

⑩ 重点区域小尺度结构模型构建：

收集、汇总、整理相关川滇断层数据（主要来源于地质学和地球物理学等方面的资料），辅助"统一断层模型"构建的研究工作，对于重点的断裂带和断层部位，适当通过地震和电磁台阵加密观测的方法进行实际观测，开展小尺度成像和建模研究工作，提升重点断裂带和断层结构模型的精度（模型分辨率大型断裂带达 2 km~3 km，重点断层达百米），以及地震监测预报、震源物理研究及地震灾害评估的能力。（逐步实施，4~5 年完成主要目标区）

此外，在人口密集、地震活动性较强的盆地和核心城市区域、国家重大工程建设基地等区域开展密集地震台阵观测，通过主动震源、背景噪声及天然地震数据，开展综合的小尺度模型构建工作，其分辨率达到几百米到 1 km~2 km，为地震灾害评估、工程建设规划及防震减灾工作提供小尺度高分辨率的三维结构模型。（逐步实施，4~5 年完成主

要目标区）

⑪ 四维结构模型构建：在川滇地区重点断裂带（例如鲜水河 – 安宁河 – 小江断裂带）、川滇地区大型水库和国家重大工程建设地区等区域开展结构变化的研究工作，通过人工震源、背景噪声、深井观测、光纤、电磁、重力等多种地球物理学手段，监测地下介质三维结构随时间的变化，从而构建四维结构模型，为地震监测预报、地震和地质灾害预警、地震震源科学研究等提供强有力的支撑平台。（逐步实施，3~5 年内取得明显成效）

（2）10 年目标

在统一速度模型构建方面，以 CVM–3.0 版本的统一速度模型为基础，在重点区域持续开展多尺度结构成像和模型构建方面的工作，提升局部地区三维模型的精度；同时嵌入统一断层模型数据，并融合构造地质模型信息（地质年代、岩性、构造历史等），给出川滇地区不同分辨尺度的结构和断层模型，从而更好地满足该地区科学研究、工程应用、地震监测预报及防震减灾等各方面对结构模型的需求。同时，将川滇地区模型构建方面的研究经验和积累的技术方法体系推广到我国其他地震危险区，提升我国地震科学研究的整体水平，使得我国在该领域达到国际同等水平（例如对比美国南加州地震中心）。

另外，在中国地震科学实验场长期稳定的支持下，在川滇重点地震危险区深入开展主被动源结合、多物理场结合、地表与井中观测结合的地下介质变化方面的系统性监测实验和研究工作，通过 5~10 年的努力，无论监测手段还是方法技术体系都达到国际一流水平，部分方向达到国际领先水平，提升实验场在国际上的影响力。

高精度波形反演技术

地震波波形反演通过拟合地震波数值模拟波形、观测波形（或波形特征）获取高精度地下三维结构，由于同时使用地震波的运动学信息（走时）和动力学信息（波形、振幅），波形反演比基于射线理论的走时层析成像具有更高的精度和分辨能力，是建立高精度三维地下结构的重要方法。

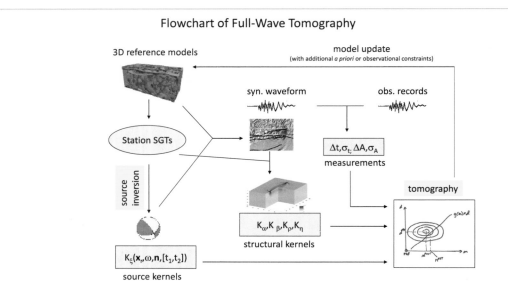

波形反演的输入数据可以是近震、远震和噪声提取的面波格林函数。联合使用各种数据也有助于提高数据的空间覆盖程度和分辨能力。波形成像通常先采用传统射线方法建立一个尽可能准确的低分辨率模型，然后以该低分辨率模型为初始模型，使用相同的观测数据，通过波形反演方法可以进一步提高模型的分辨率，获得高精度地下三维速度结构。

参考文献：

Shen Y.，Zhang W.. Full-wave tomography of the Eastern Hemisphere. Proceedings of the 2012 Monitoring Research Review：Ground-Based Nuclear Explosion Monitoring Technologies，2012，121-129.

Ashton F. Flinders，David R. Shelly，Philip B. Dawson，David P. Hill，Barbara Tripoli，Yang Shen.. Seismic evidence for significant melt beneath the Long Valley Caldera，California，USA. *Geology*，2018，46（9）：799-802. doi：https：//doi.org/10.1130/G45094.1.

5. 大地测量模型

科学问题：

从经典大地测量到现代大地测量，其成果产出被广泛应用于地震研究中。近年来，大地测量模型的概念已经从传统的静态模型向动态模型发展，由个别观测手段向多观测手段融合发展。以 SCEC 为例，其大地测量模型的基础资料包括微波测距历史资料、连续 GNSS、流动 GNSS、InSAR、钻孔应变（含激光应变以及发展中的光纤应变）观测等，一直处于动态发展过程中，从地壳运动速度图像（crustal motion map，CMM）、应变率模型发展到统一大地测量模型（community geodetic model，CGM），并且 CMM 和应变率模型的空间分辨率逐渐提高，对于断层的刻画逐步精细化，CGM 重点关注地壳变形的时间过程、多手段的数据融合、数据结果精度的评价等。

技术手段：

图 4.6 给出了大地测量模型的结构及与其他模型的关系图。

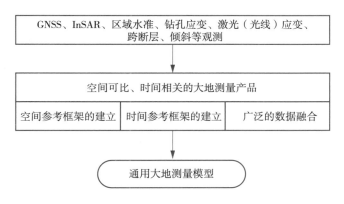

图 4.6　大地测量模型的结构及与其他模型的关系

现有基础：

借鉴 SCEC 的大地测量模型，考虑到川滇地区的观测环境和现有观测手段，构建川滇地区通用大地测量模型的基础资料至少还应包括区域水准资料、跨断层观测（跨断层水准、跨断层基线、红外测距等）、定点形变资料（体应变观测、倾斜观测等）、相对 / 绝对重力网 / 剖面（含卫星重力）。川滇地区的基础观测站点分布较为稀疏，以 GNSS 观测台站为例，连续站和流动站的平均站间距分别为 60 km 和 37 km，而美国南加州重点关注区的 GNSS 连续站和流动站的平均站间距分别为 8.8 km 和 2.1 km。因此，基于目前川滇地区 GNSS 测密度角度，在获取断层闭锁程度、近断层尺度应变积累方面尚存在明显不足。

另一方面，InSAR 观测手段是现今地壳形变研究的重要资料约束，但由于川滇地区地表植被覆盖茂密、断层以近南北向为主、断层滑动速率较低、地势起伏剧烈，这些因素均不利于高时空分辨率的 InSAR 震间形变结果获取，需要开展专门的针对性研究。

工作重点：

大地测量模型的主要目的是提供空间可比、时间相关的大地测量数据产品，形成时间相关的大地测量数据产品，其关键的技术手段为广泛的数据融合。

提供空间可比的大地测量数据产品：为了实现多观测手段产出的数据结果具有可比性，首先需要实现不同类观测结果的空间参考基准构建，比如基于 ITRF 参考基准全球 GNSS 观测结果均具有可比性。高空间分辨率的数据结果可作为块体划分和近断层尺度的滑动速率与闭锁深度的约束，用于识别断层蠕滑速率、断层走向上的滑动速率变化特征等。

形成时间相关的大地测量数据产品：地壳运动与变形均存在时间上的动态性，为了保证观测结果在时间上具有可比性，需要构建统一的时间参考基准。在此基础上，发展瞬时变形检测方法，识别与时间相关的变形特征（比如震前慢滑移、临震预滑现象、同震应变释放过程、震后松弛等），基于观测数据和所构建模型推测地表以下（sub-surface）动态过程。高时间分辨率的数据结果还可用于评估非构造时变信号，并为瞬时变形的时空演化提供高精度的约束。

广泛的数据融合：构建大地测量模型的主要目的是提供空间可比、时间相关的大地测量数据产品，因此广泛的数据融合过程必不可少，比如传统大地测量资料（三角测量、水准测量、微波测距）与现今 GNSS 结果的融合；水准观测结果与 InSAR 结果的融合；GNSS 时序与 InSAR 时序的融合；空间大地测量数据与地表大地测量数据的融合；物理场测量（重力）与几何测量（GNSS、InSAR、IceSat）的融合 / 结合等。在数据融合过程中，需充分考虑不同观测手段的优势频段及其互补性，比如 GNSS（中低频）与应变类仪器（中高频）的频段互补性；GNSS（水平分量精度高）、区域水准（垂直运动精度高）、InSAR 资料（空间采样率高）的优势互补；成场观测（GNSS、区域水准、InSAR）与跨断层或定点观测的控制范围互补性，前者从区域变形角度进行控制，后者针对断层的活动敏感性开展观测。

大地测量模型构建过程中需要特别重视模型和数据的可靠性评价、适用性分析（观测现象的可解释性）、动态性特征（已有模型和数据可以方便地与未来模型及数据产出融合）。

所有大地测量观测数据包括多源地球物理信息，比如重力观测数据包括了地壳变形、地下质量迁移、降水、冰雪融合、地下 / 地表水变化等因素所产生的综合信息，GNSS 观测数据包括构造信息和地表质量变化所产生的负荷效应。那么，有效分离这些物理因素的贡献是构建合理大地测量模型产品的根本保障。

工作计划：

正如前文所述，我国川滇地区的大地测量手段在站点密度、观测条件等方面存在明显不足，同时在大地测量模型构建方面也存在明显差距。在静态地壳运动模型（水平和垂直运动模型）构建方面，尚未实现历史观测资料与现今观测资料的融合，比如三角测量、微波测距与 GNSS 观测结果的融合。在不同类型观测资料的时间参考框架构建方面，存在的差距更为明显，比如如何定量确定历史地震对现今观测结果的影响，GNSS 时序结果最佳描述模型的构建（识别出季节性、地下水、人类活动等影响）等方面的研究较初步。

在模型指导观测布局方面，川滇地区尚需开展更多的研究工作。比如针对复杂的断层系统，如何布设观测台网才能够有效约束断层闭锁程度、获取可靠的近断层尺度应变积累量值、识别震后变形的主导因素（孔压回弹、震后余滑、粘弹性松弛等）等。另外，在瞬时变形探测（比如慢滑移事件、强震前兆识别、地震波拾取等）和机理研究方面也存在明显差异。

阶段性目标：

大地测量模型产出的数据结果具有统一的时空参考基准，在地震研究中得到广泛应用。应用领域包括：为构建震间加载模型 - 评估应力变化 - 更新破裂预测模型提供数据约束，为划分活动地块提供大地测量方面依据，为构建区域变形模型和断层变形模型提供数据约束，为识别瞬时变形现象及机理研究提供资料支撑等。具体而言，在如下几个方面可以发挥重要作用：针对复杂的断层系统，提供定量的断层滑动速率和应变率结果，并为其空间变化特征提供数据约束；为研究块体划分和块体运动状态提供数据约束；探测并评估与时间相关的非构造变形信号；跟踪瞬时变形的时空演化特征，保证识别出来的信号具有可靠精度，以便与地震活动等过程关联起来；为岩石圈粘滞性结构的定量结果获取提供数据约束，并用于评估其在地震变形轮回中的作用；为更多逼近真实的物理模型构建提供地壳应力和断层加载方面的数据支持；为地震孕育和破裂过程的研究提供密度和应力场背景数据。

模型结果的另一个主要的应用领域是为统一应力模型（community stress model，CSM）提供输入，发展和修正应力及应力积累速率模型，验证应力累积速率模型的有效性；在应力积累速率模型中加入垂直运动约束，使模型可以支持倾滑加载；以动态大地测量结果为约束，构建与时间相关的应力 / 应力率模型。

进度安排：

根据大地测量模型构建的难点和实际观测数据积累情况，未来 10 年拟开展如下研究工作，其中第（1）~（4）条为优先发展方向。

（1）开展 GNSS 站点的加密观测和 GNSS 数据的精细处理，重点研究提取 GNSS 观测结果中包含的同震、震间、震后、非构造变形等信息，为地块运动模型、断层变形模型等提供可靠、合理、可解释的输入数据（1~3 年）。

（2）典型构造区加密观测实验。系统分析典型构造区（比如安宁河地区、小江断裂带与红河断裂带交汇地区、滇西地区等）的断层分布，给出获取精确估计断层变形的远场加载速率、断层闭锁深度、近断层尺度高分辨率应变率所需的 GNSS 测点密度需求，基于模型分析结果开展连续 GNSS 和流动 GNSS 加密观测，尝试针对典型断裂系统的单频接收机与双频接收机组合观测新模式。针对川滇区域断层构造复杂的特征，将进行跨断层密集连续观测，并尽量将观测剖面长度延长，从而可以分析和提取不同断层之间的相互影响（1~3年）。

（3）完成川滇地区统一空间参考基准构建，实现传统三角测量、微波测距等结果与现今 GNSS 结果融合，精细处理 1950 年以来的区域水准资料并与现代观测得到的 GNSS 垂向资料融合，给出川滇地区三维地壳运动数据（1~3年）。

（4）重点发展空间稀疏的三维 GNSS 结果、水准测量结果与空间密集的 InSAR 结果的有机融合，主要技术涉及参考基准的统一，并需克服模型依赖性；重点发展 GNSS 和 InSAR 时间序列结果，通过发展可靠评价方法给出融合后结果的不确定度评价（需要考虑不同类数据误差的影响），发展最优方法识别与信息时空分辨率直接相关的噪声水平（1~3年）。

（5）开展多形变观测手段的同址综合观测实验（GNSS、钻孔应变、倾斜类仪器、地震仪等），探索不同观测手段的优势频段互补性，实现观测仪器标定及结果的可比性（1~3年）。

（6）发展多系统高频 GNSS 融合处理方法，结合地震数据增强地震响应能力，发展新方法对高频 GNSS、地震学观测等进行数据同化，以快速确定震源，并对上述方法模型进行严格的回顾性检验和实际应用实验（5~10年）。

（7）研究与时间相关的大地测量参考系统，发展瞬时变形信号探测的自动化或半自动化检测方法和工具（比如 Kalman filtering，different basis function types，PCA of raw or filtered signals，analysis of temporal variations in strain 等方法），开展瞬时变形信号机理研究并进行与时间相关的地震预测实验（5~10年）。

（8）研究利用重力（含卫星重力）和 GNSS 观测数据研究地表质量迁移的方法，确定地表水系的变化规律，有效分离多源物理因素的影响和贡献，构建动态质量变化模型（5~10年）。

6. 区域变形模型

科学问题：

基于大地测量时空变化数据，构建区域变形模型，可以将大地测量模型产出的数据结果应用于实际的地震研究中，并为活动地块划分、断层变形模型提供变形约束。

技术手段：

图 4.7 给出了区域变形模型的结构及与其他模型的关系。

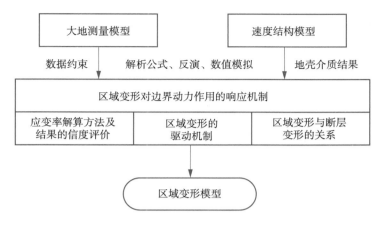

图 4.7　区域变形模型的结构及与其他模型的关系

现有基础：

区域变形模型强调时空可比性的概念，在大地测量模型的空间参考基准和时间参考基准均建立完善，并且完全实现多种类资料的数据融合后，大地测量模型产出的所有数据均可用于构建区域变形模型。

在我国川滇地区，现今阶段大地测量模型的研究尚处于起步阶段，由于一些资料之间尚无法实现完全可比（比如 GNSS 观测与钻孔应变资料），因此目前阶段构建区域变形模型主要基于 GNSS 资料、区域水准资料、InSAR 资料、跨断层观测资料等。

工作重点：

实验场区域变形模型的构建主要包括如下三方面内容：区域变形对边界动力加载的响应、区域应变率场可靠结果获取及驱动机制、区域变形与断层变形的关系等。

区域变形对边界动力加载的响应问题：相对于海洋板块俯冲带或大型的转换断层系统，川滇地区的边界动力存在多样性，构造环境和断层系统复杂，因此需要研究区域变形对边界动力加载的响应问题。此项研究包括目前比较通用的库仑应力变化影响（包括构造运动引起的库仑应力加载、同震及震后效应引起的库仑应力变化等），相关模型包含川滇地区地壳及上地面介质结构的确定（可通过 GNSS 速度场或震后 GNSS 观测进行估值），研究方法包括反演和数值模拟。另外，还需探索在边界动力发生变化的情况下（大地震影响或其他构造活动），某些活动地块作为相对独立的构造单元所发生的具有一致性的调整变形。该现象的驱动机制及对孕震断层的影响均需开展深入研究，目前此项工作仍然处于探索阶段。

区域应变率场可靠结果获取及驱动机制问题：相对于地壳运动速率结果，应变率分布直接描述区域变形特征，不受参考基准影响，其时空差异信息可为强震地点预测提供支持。基于 GNSS 资料，目前国内外存在多种应变率计算方法，但针对川滇地区如何评价应变率结果的可靠性尚需开展进一步研究工作。此项工作的研究方案可通过构建解析模型，综合对比多种方法结果与理论结果差异的方法进行可靠度评价，在构建解析模型时需充分考虑误差影响、显著断层影响、动态信息的有效识别等问题。目前区域应变率场分布模式的驱动力主要包括边界水平应力加载和深部力学加载两种，在获取可靠应变率场结果的基础上，借助反演或数值模拟方法可以探索实验场区域变形的主导驱动机制。

区域变形与断层变形的关系问题：根据目前的认识，区域变形结果中断层的影响占有很大成分，但具体到川滇地区其占有多大比例尚需开展深入研究。另一方面，区域变形模型作为边界动力加载、块体运动调整与断层力学性质研究的过渡环节，需重点研究区域变形模型通过哪种机制将外部的动态作用转换为断层行为、识别并探索远离断层区域的变形分布对断层孕震产生的影响。此项研究需要基于地壳介质特性精细结构、观测台网优化布局、断层介质特性的可靠获取等。该部分另一项重要的研究内容是依据区域变形结果，准确获取复杂断层结构的滑动速率，进而发展强震孕震、发生、震后调整过程的综合变形模型，在此基础上将单一断层段的变形模型发展为孕震块体模型。

工作计划：

针对区域变形模型的研究，目前主要停留在现象识别阶段，对于 GNSS 应变率场的获取开展了一些研究工作，但多种方法可靠性评价尚不全面，还需开展进一步研究；对于应变率分布模式的驱动机制问题，目前主要以定性推测为主，考虑多断层综合效应、动态资料约束的解析或数值模拟结果较少。边界动力作用对区域变形影响方面，库仑应力的研究主要集中在典型断层段上，对于区域变形特征对边界动力的响应（比如较大尺度的变形响应、活动地块具有相对整体性的运动调整等）方面的研究较为初步，机理研究方面尚处于探索阶段。区域变形与断层变形的关系方面，基于位错模型（经典弹性位错模型、粘弹性模型等）开展了一些研究工作，对于复杂的地势起伏影响、剧烈的横向不均匀影响、多断层系统共同作用下相关的研究较少。

综上所述，针对川滇地区区域变形模型的研究尚处于起步阶段，还有大量的基础性工作和模型研究工作亟待开展，相关研究对构建整个川滇地区构造变形体系具有重要作用。

阶段性目标：

区域变形模型的数据输入为大地测量模型产出的数据结果、区域介质结果、断层的几何产状等，主要应用领域包括如下几个方面：区域变形模型为区域应力模型提供应变率加载约束，是应力累积率计算最重要的边界约束之一；区域变形模型可用来识别和确定活动地块的变形模式，以及动态边界动力作用下活动地块的整体响应特征；区域变形模型结果可作为断层变形模型的边界约束，为识别断层强闭锁段、确定断层滑动速率提供支持，进而用于主要断层段上的强震发生率预测。

进度安排：

根据区域变形模型构建的难点和川滇地区的实际情况，未来 10 年拟开展如下研究工作，其中第（1）~（3）条为优先发展方向。

（1）川滇地区应变率模型研究。通过第三方数据实验的方式，系统评价多种应变率解算方法的可靠性和结果的准确性，并给出台站加密的指导性方案；评估 InSAR 资料用于应变率计算的可行性；探索从应变率结果中剔除地表蠕滑影响的方法；基于可信的应变率结果以及反演和数值模拟等手段，研究川滇地区变形的驱动机制（1~3 年）。

（2）川滇地区下地壳、上地幔粘滞性结构研究。基于地壳运动速度结果和典型地震震后变形结果，通过反演或数值模拟方法获取川滇地区粘滞性参数（1~3 年）。

（3）川滇地区地壳变形对边界动力的响应特征研究。在边界动力发生变化的情况下（大地震影响或其他构造活动），探索川滇地区地壳变形响应的物理机制，研究过程中除了关注库仑应力变化影响外，还需要重点关注某些活动地块作为相对独立的构造单元所发生的一致性的调整变形及其机理（3~5 年）。

（4）基于单一断层段的孕震模型，发展孕震块体模型，通过构建解析公式或数值模型给出地震周期中多块体系统之间变形的相互影响及时空演化过程，研究远离典型断层区域的变形的作用，构建可用于实际地震研究的块体孕震模型（10 年左右）。

合成孔径雷达干涉测量（InSAR）、无人机雷达干涉测量（UAVSAR）技术

合成孔径雷达干涉测量（InSAR）技术作为一种新的空间对地观测技术，可以大面积、高密度地对地面运动变化进行监测，较其他形变测量技术能够获取地表连续的形变场信息。但常用的星载 InSAR 在震间观测中也暴露出一些缺点，如卫星重访周期长、覆盖范围不确定、编程订购困难、长时间资料连续差、费用高，以及现有卫星遥感数据定制、接收、处理能力无法满足地震监测时效性要求等，更重要的是由于合成孔径雷达（SAR）成像卫星轨道都是近南北向的太阳同步轨道，导致星载 InSAR 对断层南北向位移分量很不敏感。针对卫星数据无法满足地震监测时效性要求，以及优化动力学模型研究所需的高分辨率、高精度要求，机载平台是一个很好的补充手段。在机载重轨 D-InSAR 形变监测方面，仅有美国、德国、巴西的研究人员发表了部分基于机载 SAR 的重轨形变监测成果。如下图所示，美国 JPL 的无人机雷达干涉测量（UAVSAR）系统对加州

圣安德鲁斯断层进行机载干涉测量的结果，可见断层两侧有明显的形变差异，但其机载 InSAR 观测结果存在大气相位延迟，影响了形变监测精度。此外，UAVSAR 搭载的湾流 –III 平台的飞控能力可以将载机的飞行误差半径在 70% 的时间里控制在 1 m 以内，而国内的传统有人载机平台远远达不到这样的指标，低飞控精度会造成严重的时间去相干和相位误差，严重影响差分干涉的处理精度。

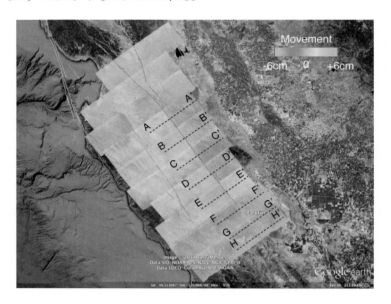

沿着 central San Andreas 断层从北至南的断层剖面

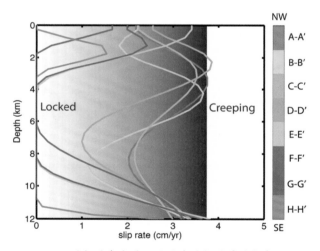

延断层走向的不同区域的断层滑动分布

研究结果表明，机载 UAVSAR 重轨干涉数据具备更高的空间分辨率和更为优化灵活的观测方向，其干涉形变产品为断层定量研究提供了重要的约束。

参考文献：

Zhen Liu, Paul Lundgren, Scott Hensley（2015，03）. Mapping fault slip central California using satellite, airborne InSAR and GNSS. Proc. 'Fringe 2015 Workshop', Frascati, Italy 23–27 March 2015, http: //proceedings.esa.int/files/187.pdf

Scott C. P., Toke N. A., Bunds M., Shirzaei M.（2018，08）. Creep along the central San Andreas fault measured from surface cracks, 3D topographic differencing, and UAVSAR imagery. Poster Presentation at 2018 SCEC Annual Meeting.

激光雷达技术

　　激光雷达技术（light detection and ranging，简称 LiDAR），即激光探测与测距，结合了激光技术与现代光电探测技术，以激光器为发射光源，向探测目标发射高频率激光脉冲来获取目标的空间位置等信息。LiDAR 集成了激光测距技术、全球定位技术和惯性测量技术（IMU），能够直接、快速、主动、精确地获取目标的三维空间信息，而且获取的数据密度高、分辨率高、精度高，为当前对地观测领域的前沿技术之一。

　　自 20 世纪末机载 LiDAR 用于地形测量以来，利用该技术获取的地形数据在世界范围内呈现快速的指数增长。美国在 1999 年首次运用机载 LiDAR 沿美国 Hector Mine 地震破裂带采集三维地形数据，得到震后近断层的同震位移。近年我国也将 LiDAR 技术应用于活动构造研究中，如 2011 年以来在海原断裂、阿尔金断裂和新疆独山子背斜开展了机载 LiDAR 扫描。

　　LiDAR 技术的发展及其所带来的高分辨地形数据，极大推动了活动构造定量化研究。当前 LiDAR 技术在活动构造领域主要应用于城市活断层探测、地震地表破裂带的快速解译、大震复发模式研究、同震近场形变和震后微地形变化监测，以及长时间尺度的微地貌演化。同时，高分辨率地形数据结合三维可视化技术也开始应用于抗震救灾中，在地震灾害调查和烈度评定中具有广阔的应用前景。

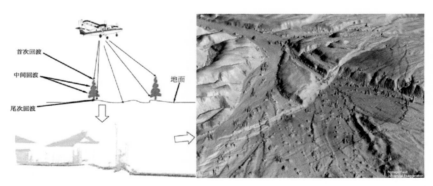

　　LiDAR 多次回波的特征（左上图），很容易将地物（如植被）进行识别和剔除（左下图），精确定位活动断层在植被区或居民区中的位置（右图）。左下图蓝色点为地面点，灰色点为房屋和植被点。

机载 LiDAR 数据采集及在活动断层探测中的应用

参考文献：

Oskin M., Arrowsmith J., Corona A., et al. Near–field deformation from the El Mayor–Cucapah Earthquake revealed by differential LiDAR. *Science*，2012，335：702–705.

7. 断层变形模型

科学问题：

断层变形与强震孕震周期息息相关，涵盖地震孕育、破裂传播及中止、震后恢复等过程，包括震前应力积累、同震破裂过程、震后应力恢复、断层介质性质变化等，是了解地震过程和建立有效物理预报机制的关键。

断层变形模型研究内容包含三个方面：第一，断层运动和应力模型研究；第二，断层孕震物理模型研究；第三，断层不同孕震阶段的区域形变特征研究。

如何定量确定不同孕震阶段的断层运动、应力演化，以及基于断层运动和应力变化，结合介质性质，研究强震的孕育、发生及断层强震危险性，是国内外地震学家们关注的关键性科学问题。

技术手段：

断层变形模型流程图如图4.8所示。

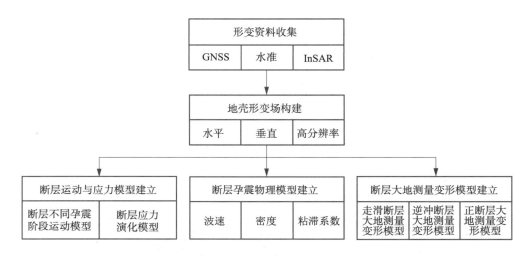

图4.8　断层变形模型流程图

现有基础：

（1）川滇地区的GNSS观测

川滇地区有GNSS连续观测站128个，绝大部分测站的开始观测时间为2011年，只有极个别测站于1999年开始观测。川滇地区有区域站319个，平均每两年间隔观测一次，其中约三分之一的测站于1999年开始观测，剩余测站于2009年开始观测。对于GNSS观测，在资料积累的时间长度、测站分布的空间密度、连续站所占比例等方面，距离较准确估算断层加载速度、断层闭锁深度和高分辨率应变率分布的需求相差甚远。

（2）川滇地区的InSAR观测

近年来，InSAR观测已经成为一种有效的大范围地壳形变测量手段，能够提供与活动断裂相关的大尺度地壳形变场，以及与断层蠕滑、震后、震间变形相关的小尺度地壳形变场等。川滇地区的星载SAR卫星的影像资料来源如下：存档卫星数据，包括ERS1/2（1995~2001年）、Envisat（2003~2010年）、ALOS PALSAR（2006~2011年）；最新的SAR

卫星数据，包括欧洲航天局的 Sentinel–1A/B（分别于 2014 年年底和 2016 年发射）、日本 JAXA 的 ALOS2（2014 年发射，只提供编程数据）、德国 DLR 的 TerraSAR（2007 年发射，提供部分存档数据和编程数据）等。

（3）川滇地区的其他地壳形变观测

川滇地区布设有 30 多个跨断层观测场地，开展基线和水准的重复测量，跨断层观测同样大多从 20 世纪 80 年代开始具有观测记录。1970 年以来我国地震部门和地理信息测绘部门在青藏高原东缘开展有一等精密水准测量。

工作重点：

（1）断层运动和应力模型研究。包括地震周期震间、同震和震后各个阶段的断层运动和应力时空特征研究，具体研究内容为：以大地测量形变资料为约束，开展震间、同震、震后断层运动反演工作；基于断层库仑应力累积分析断层的强震危险性，包括构造加载和强震的影响（包含同震和震后）；基于断层运动成核模型，通过形变观测技术捕捉地震成核过程。

（2）断层孕震物理模型研究。主要指断层的物性模型，如波速、粘滞系数、大地电磁和密度等，其中重点关注基于地壳形变场反演区域粘滞系数和壳幔粘滞结构，以及与之相关的低速层、高导低阻层、断层两侧介质性质差异等。

（3）断层不同孕震阶段的区域形变特征研究。包括不同类型断层在不同孕震阶段的水平、垂直地壳形变演化特征提取，该研究根据区域地表形变特征估计断层所处的不同孕震阶段以及可能的未来地震破裂模式。

工作计划：

（1）精确度评价：断层变形模型的精确度评价主要通过对特定断层开展应用，如断层运动模型的精确度评价包括与理论震间断层模型对比，判定特定断层不同的孕震阶段。

（2）适用度评价：主要指不同构造区、不同断层类型的适用性，例如现实构造中普遍发育的断层并非单一断层类型，即多数断层往往属于复杂断层类型，此时通用的断层运动模型可能不适用，需要综合考虑，即实现复杂断层类型的运动模型。

（3）可更新度评价：对于断层运动模型和断层不同孕震阶段的区域形变特征研究来说，大地测量形变数据的空间分辨率影响较大。尤其提高断层近场形变数据的空间分辨率，如增加 GNSS 台站的密度、应用 InSAR 技术等，才能更加准确地判定断层的孕震阶段。

阶段性目标：

断层变形模型产出断层运动模型、应力模型、物性模型、不同断层类型孕震阶段模型，其应用包括 3 个方面：

（1）为震源反演和地球动力学模拟提供大地测量约束，包括不同时间、空间尺度的三维地壳形变场。

（2）为地球动力学模拟提供区域物性参数。

（3）不同类型断层的大地测量变形模型提供的断层的孕震阶段，给出未来强震可能的破裂模式。

进度安排：

（1）优先开展的工作（3~5 年）

选定典型断层段落，开展断层运动学模型研究。

① 进行 GNSS 站点加密布设和观测，获取川滇地区主要断层的滑动速率和闭锁深度。

② 对适合 InSAR 观测的断层段落，开展 InSAR 跟踪监测，获取二维断层面的震间滑动分布。

③ 建立川滇地区主要走滑、逆冲、正断层的大地测量变形模型，判定所处的孕震阶段。

（2）川滇地区主要断层段落的断层变形模型（5~10 年）

① 对川滇地区的断层段落进行近场 GNSS 密集观测，远场充分控制。计算断层的滑动速率和闭锁深度，判定其所处的孕震阶段。

② 对于地形相对平缓、植被覆盖较少、近 EW 走向的断裂，进行 InSAR 观测，开展二维断层面震间滑动的反演，并结合数字地震学、强震历史破裂分布等结果，圈定断层面潜在孕震凹凸体部位，分析未来地震危险程度。

③ 开展断层物性模型研究，利用 GNSS 速度场反演区域的粘滞系数和壳幔粘滞结构。

④ 给出川滇地区主要走滑断裂带、逆冲断裂带、正断层的不同孕震阶段断层变形模型。

（3）开展典型构造区段地震周期过程模型研究（5~10 年）

针对历史及现今地震事件，构建同震形变场、同震断层破裂模型、震后变形模型。目前，6 级以上浅源地震产生的同震地表变形和 7 级以上浅源地震产生的震后地表变形可以被 GNSS 和 InSAR 技术检测。随着 SAR 卫星数据的不断累积，川滇地区未来发生的强震事件均能够被 InSAR 捕捉到。因此，充分发挥 InSAR 形变场的优势，有助于发震构造的判定和震后形变机制的分析，为震中及其周围地区的未来地震危险性判定提供依据。

8. 应力模型

科学问题：

地壳应力是与地震科学问题研究相关的多方面的一个基础物理量。统一应力模型主要用于为其他实验场统一模型提供更好的应力场约束，为各种观测数据和应力模型之间搭建物理解释桥梁。统一应力模型的最终产品是形成一个或一套模型来描述川滇区域岩石圈的 4D 应力张量，而这一产品服务于实验场很多核心科学问题的研究，包括更好地理解断层加载过程，断裂带如何通过地震事件分配应变过程及其随时间的演化。同时，该终极产品也会有很多潜在的用途，例如地震灾害评估、地震孕震机理研究、动态破裂模型和地震模拟等。

统一应力模型（CSM）在其发展与建立过程中需要：

（1）融合和对比分析各类钻孔应力测量数据、地震震源机制解数据、古断层滑动擦痕数据、各类岩石破坏现象所包含的应力信息、地形负载作用、地壳动力学和地震循环模拟结果及各类诱发地震数据。

（2）对比分析各类应力模型和应力加载模型。

（3）使用各类观测数据和物理量来检验应力和应力加载模型，这一点主要关注下地壳的实验室物理模拟、数值模拟和地球物理观测成果，进而解释下地壳的流变、应力状态及其对地表变形表现形式的影响。

（4）发展建立一批新的估算应力量值的方法，推算近断层附近的构造驱动力，探索闭锁断层对原地应力场的影响等。

技术手段：

统一应力模型技术路线图如图 4.9 所示。

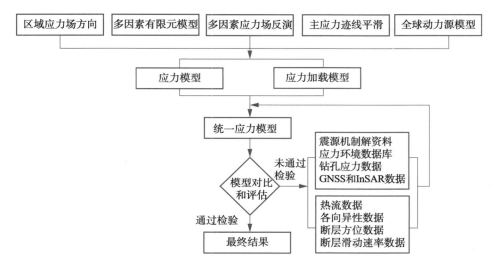

图 4.9　统一应力模型技术路线图

现有基础：

（1）震源机制解资料，应包括 M$_S$2.0 及以上的小震震源机制解资料。

（2）世界应力图和中国大陆地壳应力环境数据库。

（3）钻孔应力数据（包括水压致裂、套芯解除、钻孔崩落、钻孔孔壁张裂缝等）。

（4）GNSS 和 InSAR 数据。

（5）其他类型的数据和约束，包括热流数据、各向异性数据、断层方位、断层滑动速率数据等。

工作重点：

参照美国南加州地震预报实验场的研究规划和进展，同时结合实验场地质科学和地震科学的实际发展水平，实验场关于统一应力模型的工作重点如下：

（1）利用震源机制解反演区域应力场方向，同时对主应力迹线进行平滑处理，使得到的应力场图像分布规律更为显著。

（2）开展应力场的反演，得到不同地壳深度上的应力场分布特征云图，建模过程中需考虑包括地形加载作用、深度依赖的流变影响、断层摩擦作用的长期变形、位错模型的断层加载作用、构造加载作用，软件可以使用有限元软件或者边界元软件，边界条件使用震源机制解和地表变形数据进行约束。

（3）建立实验场的地壳动力源模型，包括密度驱动的地幔流影响、岩石圈重力势能影响，模型结果使用大地水准面和中国大陆内陆板块运动模型拟合校正。

（4）分别使用块体模型或位错模型拟合大地测量数据，同时考虑地震的静态应力变化，分析断层加载速率和加载过程；或使用边界元模型或者 UCERF3 变形模型来反演拟合这一过程。

工作计划：

目前关于美国南加州的应力模型有 5 个、应力加载模型有 7 个，分别使用不同的方法建立，科学家们对于这些模型各自有不同的认识。在各个层面的学术讨论会上，科学家对这些模型都进行了相应的对比分析，但是仍然没有达成统一的意见。因此在实验场统一应力模型建立的过程中，可以有选择地结合现有的平台和条件，对这些模型进行验证，特别是要利用现有的应力资料（震源机制解资料和钻孔应力观测资料）和变形观测资料（GNSS 数据、InSAR 数据、大地水准观测数据）来检验这些模型的可靠性，并且利用模型搭建观测数据和地震孕育发生的物理机理之间的相关关系。

精确度评价（应力模型的验证）：应力模型的精确度评价主要依赖于应力数据的获取，通过新更新的应力数据来评价应力模型的准确性和可靠性，特别是搜集深部的钻孔应力测试或估算数据、关于应力场方向的应力拟合数据、剪切波分裂的测试数据及相关的数据。

应力模型不确定性评价：虽然关于统一应力模型的需求很大，但是如何评价应力模型的不确定性仍然还没有确定技术方法，目前建议的方法是使用蒙特卡洛算法生成一组关于一个特定区域的应力模型，然后分析不同单个应力模型之间的差别，进而比较应力模型的不确定性，但是从目前的研究进展来看，将对计算能力提出很高的要求。

阶段性目标：

区域应力场特征是地震孕育、发生和传播的重要初始边界条件，在许多地震研究的很多阶段都需要使用统一应力模型的资料或基于应力模型得到的结论，最为直接和重要的作用体现在以下 3 个方面：

（1）为地震破裂动力模型提供初始应力边界条件和断层本构模型的初始应力条件。

（2）为断层加载模型提供应力约束条件。

（3）为各种地震模拟模型提供应力输入参数。

进度安排：

（1）第一阶段目标：优先发展目标（3 年）

① 按照实验场的整体规划目标，搜集整理研究区内的代表性地应力资料，建立统一的应力资料分级标准、可靠性标准和录入格式，并编制成图。

② 在数据库的基础上，进行最大最小主应力方向迹线的平滑拟合，形成平滑后的应力图件。

③ 按照分级和可靠性标准，选定实验场的主要应力资料获取方法。

（2）第二阶段目标（6 年）

① 在应力图和应力资料数据库的基础上，从美国南加州已有的应力模型中选取部分模型进行验证、修正，初步探索建立实验场典型断裂带的断裂应力模型。

② 在应力资料和应变资料的基础上，从美国南加州已有的应力加载模型中选取部分模型进行验证、修正，初步探索建立实验场典型断裂带的应力加载模型。

（3）第三阶段目标（10 年）

建立一个整体的 4D 应力模型或应力场加载模型，用于研究实验场岩石圈不同深度上的应力分布特征、震源区应力积累和地震成核过程及区域断层加载过程和机理，进而扩展实验场统一模型应用范围。

深井综合地球物理观测技术

深井综合地球物理观测（geophysical and earthquake observation in deep borehole，GEODB）是指在终孔深度位于地下 4500 m~6000 m 的钻井内开展的地震、地磁、应变及温度等观测。

随着钻井技术、耐高温高压电子技术以及光纤传感技术的飞速发展和实用化进程，开展深井综合地球物理观测已经成为可能。

断层的应力积累、预滑到完全破裂再到愈合，会产生频率范围在数千赫兹到极低频的应变、震动及地磁场等变化。断层破裂是如何开始和停止的？其间发生的慢地震、应变阶、微破裂、声发射等一系列现象具有何种地震前兆和预警意义？解释这些问题需要长期、连续、准确地捕获来自地壳深部的微弱构造变动信息。

深井综合地球物理观测不仅有助于深入认识地球内部物理过程、揭示地壳应力－应变规律、探索强震孕育的动力学机制，还有望通过捕捉到的超长周期慢地震事件、高频的震颤事件及不明来源的震动事件，探查来自地壳深部的各种变动。尤其是在有地震风险但地面人为或自然活动干扰严重的大城市群和滨海断裂，开展深井综合地球物理观测技术研究将可以直接为社会减灾提供原始的监测信息。

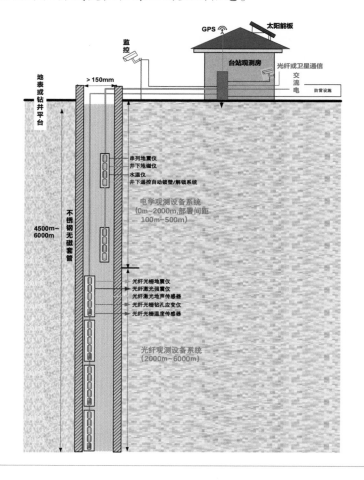

（二）解剖地震

1. 地球介质结构的同震、震后、震前的变化

科学问题：

对地震过程中涉及的时变物理场的观测和研究，是研究地震物理机制的发展方向。地震物理过程伴随着地下介质应力状态、弹性状态、流变性、重力等的改变。特别是对地下速度结构、地下应力场等地球物理场的变化的监测，将在很大程度上增加了我们对地震过程及其动力学的认识，甚至能够从中寻找到地震的前兆异常等信息，如有学者就通过监测 SAFOD 计划中 Parkfield 区域断层附近的速度变化，发现在地震发生前，地下地震波速度发生了变化[①]。另外，通过监测地下状态变化，可以得到地震的发震趋势、发震模型及其机理的新认识。例如，有学者发现重力的时空变化与地表位移有较好的一致性，也与地震活动性的关系有较好的相关性，因此提出喜马拉雅 MHT 断层的地震活动不仅与构造有关，也与降水的关系比较密切[②]。因此，刻画介质性质随时间的改变，加入时间维度上介质的时变特征，是完整认识地震过程的必要信息，也是地震科学实验场的重要组成部分。

与地震相关的地下介质变化主要体现为波速、应力状态等变化，且其变化十分微弱（相对变化量通常远小于 1%），影响因素复杂。重复测量地震波速度是监测介质变化的主要手段之一。利用背景噪声震源和主动震源，构建区域性波速变化观测布局和监测技术系统，将长期波速变化趋势与高精度、高分辨率的主动监测相结合，分析地球物理场的多尺度时变特征，是地震学研究的重要科学问题。而结合地震和大地测量技术的长期观测，则能够对地下流变性、应力场的变化进行系统性的观测。

研究内容主要包含 5 个方面：构建背景噪声与主动源的联合监测体系，将噪声源获取的长期变化趋势与主动源的高精度监测结合，实现时变物理场多尺度协同研究；构建主动源流动监测技术，开展对重点断层的密集观测和多点观测，细致分析断层区域时变特征；结合波速变化与多种地球物理场观测，详细分析影响波速变化的因素及与地震物理过程的关系；发展基于震相分析和敏感核的监测方法，对波速变化空间位置进行分析研究；综合大地测量及地震等资料监测重力及粘滞性结构变化。

---

① Niu F.L., Silver P.G., Daley T.M., Cheng X., Majer E.L.. Preseismic velocity changes observed from active source monitoring at the Parkfield SAFOD drill site. *Nature*, 2008, 454, doi: 10.1038/nature07111.

② Panda D., Kundu B., Gahalaut V.K., Bürgmann R., Jha B., Asaithambi R., Yadav R.K., Vissa N.K., Bansal A.K.. Seasonal modulation of slop-slip and earthquakes on the Main Himayan Thrust. *Natue Communications*, 2018, 9: 4140.

技术手段：

（1）地下结构速度变化监测

介质的时变特征受背景应力特征、断层特性和应力状态等多种因素控制。基于背景噪声互相关和主动震源可获取重复信号，通过测量波速对介质变化进行研究。将背景噪声获取的波速变化长期趋势和主动源的高精度监测结合，可对波速变化进行多尺度的刻画；利用流动主动源技术，对重点断层进行加密多点观测，可精细刻画断层带时变特征；基于高精度的波速变化测量，综合固体潮、地震活动性等信息，可对影响波速变化的因素进行分析和厘定；通过分析主动源信号震相、构建敏感核等手段，获取变化空间位置，可分析变化时空分布与地震过程的关系。通过上述手段共同加深对时变地球物理场的认识。

在地震波速度变化的监测中，高度可重复性的震源是关键性手段，只有震源本身具有高度可重复性，那么得到的地震波到时变化等信息才能主要反映地下结构的变化情况。为此，必须发展具有高度可重复性的震源。

（2）其他时变地球物理场监测

除地下速度结构外，重力、粘滞性结构等物理性质随时间的变化情况也具有非常重要的意义。通过重力的变化，可以对地下水、地下物质迁移，以及应力变化进行研究，甚至能够为地震的预测提供一些可能的前兆信息[1]。而通过监测震后断层的位移变化情况，则能够给出地下粘滞性信息，从而能够更准确地分析断层的愈合及孕震机理等情况。目前，对于这些地球物理场的时变信息，主要通过连续的 GNSS、多期次 InSAR，结合卫星重力、地震观测等手段进行研究。

现有基础：

从以上时变地球物理场的技术手段和研究内容来看，发展精确的地下速度结构变化的监测技术、高重复性震源仪器设计及实验场建设、连续 GNSS 观测及分析、高密度地震观测台阵布设，以及联合地震和大地测量技术监测地表长时间形变及重力变化，是研究时变地球物理场的关键。

目前，在国家实验场区域的研究主要有以下几个方面的研究基础：

利用主动震源发射高度重复的信号，是测量波速变化的核心技术。目前，通过科研项目支撑，已经在滇西地震预报实验场建有宾川大容量气枪信号发射台 1 个，在其周边以 40 套短周期台站构成了地震监测网络，并开展连续观测近 5 年，积累了大量的资料。

---

① Chen S., Liu M., Xing L.L., Xu W.M., Wang W.X., Zhu Y.Q., Li H.. Gravity increase before the 2015 M_W 7.8 Nepal earthquake. *Geophysical Research Letters*, 2016，43：111–117, doi：10.1002/2015GL066595.

初步研究结果表明大容量气枪震源的信号高度重复，可对微弱的波速变化进行监测，其时间分辨精度主要由激发间隔控制。通过实验研究，发展了以气枪震源为核心的高精度波速变化监测技术系统，并在相关的业务和科研工作中得以应用。

流动型的气枪主动源激发系统，是对重点断层开展密集时变监测的核心技术。通过前期工作，目前已经集成和发展了1套主动源流动激发系统，并发展了相应的探测技术，亟需开展对应的观测实验进行深入研究。该技术系统已经在江西朱溪矿区地下结构探测、南京城市浅部结构探测方面开展了多次探测实验。通过研究，解决了不同小型水体内流动激发的技术瓶颈。结果表明，移动气枪震源系统可适用于快速部署，可在小型水体内激发。这为多点激发和断裂带密集观测提供了技术保障。通过在实验场开展对应的密集观测实验及相关工作，可推动相关特色技术的深入化和实用化。

针对主动震源数据，已经发展了波形叠加、高精度波形相关和波形干涉等方法用于实现高精度波速变化测量。结果表明，对应波速变化精度可以可靠地测量到与固体潮等因素有关的日变化。这反映了整个激发和监测、处理系统的高精度，同时也为建立波速变化与地下介质应力变化的关联模型奠定了坚实基础。

目前已经形成了利用连续数据，通过噪声互相关来进行波速变化的技术。同时建立了对海量数据进行管理和自动化处理的数据处理流程，形成了云计算、人工智能等新技术与海量数据相结合的研究特色。

通过多期次 InSAR 和多期次 GNSS 观测资料，研究了川滇地区局部断层的形变及演化特征，分析了局部断层的闭锁情况。目前，关于汶川地震震后形变过程的长期形变监测也在进行中。通过对汶川地震和芦山地震震后的观测，确定了两个地震之间空区的地表形变及演化情况，确定了该空段的无震滑动情况，确定了该区域未来的地震危险性。同时在昆仑断层区域，通过多期次的震后观测，基于断层两侧的形变变化，确定了断层及周边区域的粘弹性结构及其应力情况。

以上的研究基础，在一定程度上支撑了对时变地球物理场科学问题的研究。通过加强观测系统，开展多点流动激发等实验研究，可进一步推动对时变地球物理场的细致研究，体现技术特色。然而，尽管在国家地震实验场区域的时变地球物理场的研究已经有一定的基础，但仍存在着明显的不足，对于该区域精细的速度变化，以及重力和粘滞性的研究目前还比较薄弱。特别是该区域断层复杂，少量的几个主动源发射台难以满足观测需要，因此需要进行进一步的建设，并尽可能地交叉覆盖成网。

工作重点：

（1）地下介质波速变化的多尺度监测研究

利用高度重复的信号，测量地下介质波速变化，是监测时变物理场的主要手段。背景噪声互相关技术可以利用不同时期的噪声互相关函数（NCF）作为重复波形，低成本地测量波速变化。由于 NCF 本质上是干涉和平均的结果，其信号以面波为主，在反映地下介质长周期波速变化方面更具优势。同时，主动源可以通过主动发射高度重复信号实现波速变化的高精度、高时间分辨率的探测，其信号更多为体波信号。将两种重复震源相结合，在同一区域开展联合研究，可以对介质变化进行多尺度的综合分析，从而可以更好地揭示长周期变化与短时变化的规律，发挥各自的优势，从不同的角度对波速变化进行分析。

（2）重点断层介质变化加密观测研究

大地震是背景应力场和断层的强弱、结构等特征共同耦合的结果，其应力场及应力场的变化在断层附近的特性对研究地震物理过程更具指示意义。通过发展流动主动源技术，在关键断层区域开展加密观测，可以获取断裂带介质的变化特征。以多个流动主动源／流动主动源和固定源相结合的方式，开展对重点断层带波速变化的联合研究，可更好地理解断层的强弱特征、物性结构对背景应力场及其变化的响应，加深对板内地震的认识。发展应变地震波观测技术，在关键断层区域开展地震仪与钻孔应变仪的联合观测，发展单点波速监测技术，综合微震震源机制及其应变阶变，研究重点断层活动特征。

基于人工智能（AI）的地震识别算法

从连续地震台网记录截取地震事件波形并读取相关震相到时是地震定位、地震震源机制测量等基础性工作的第一步，而依赖人工读取的方法已极不适应现代地震记录台网密度与数量的迅速发展。近年来，在计算机与大数据技术高速发展的推动下，基于数据驱动型算法的深度学习（deep learning）技术在地震检测方法上取得了突破性进展。深度学习神经网络可以自动抓取其中的统计学特征，从而解决一些难以通过数学语言描述的识别问题。目前，卷积神经网络（convolutional neural networks，CNN）已应用于美国俄克拉荷马页岩气开采诱发的微震事件的自动检测中，对比发现经过训练的 CNN 地震事件检测网络可以在较低的时间消耗下达到与自回归算法（auto-correlation）地震指纹相似性识别法（fingerprint and similarity thresholding，FAST）同样的检测效果。全卷积神经网络（fully convolutional network，FCN）应用于 P 波与 S 波震相的拾取问题中，将震相到时标注为高斯分布的概率函数，在不同类型仪器的数据上实现了较高的拾取精度。需要指出的是，已有的众多研究只能部分解决从原始连续波形记录中提取震相到时信息的任务，有些着眼于如何识别包含地震信号的时窗，有些则着重于在已知的信号时窗内拾取震相到时，而对于二者如何相互配合以达到最佳的识别效果，尚未形成统一的认识。

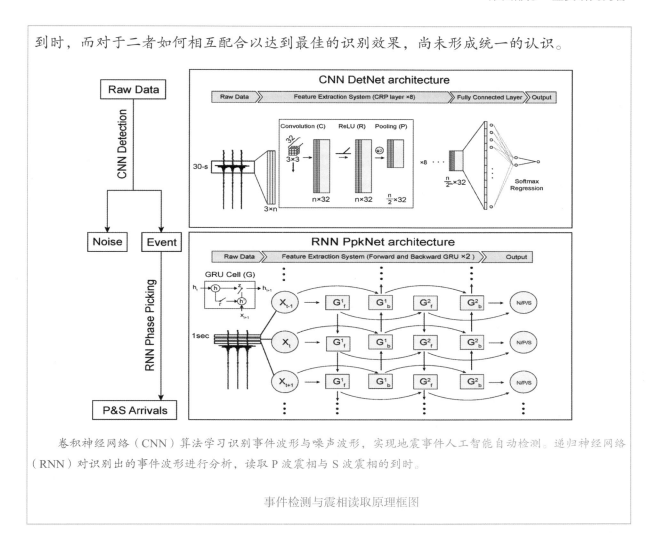

卷积神经网络（CNN）算法学习识别事件波形与噪声波形，实现地震事件人工智能自动检测。递归神经网络（RNN）对识别出的事件波形进行分析，读取 P 波震相与 S 波震相的到时。

事件检测与震相读取原理框图

（3）波速变化影响因素分析

地震物理过程中伴随的介质变化往往与固体潮、气压、降水等其余物理过程相耦合，且其本身的变化量级很少。提高波速变化测量精度，基于高精度的波速变化表征介质变化。通过分析波速变化的周期、幅度等，与相应观测记录相比较，通过主成分分析、相关性分析等手段，可对波速变化影响因素进行分析。相关研究有助于加强与地震过程相关的介质时变特征的认识。

（4）波速变化时空特征及与地震物理过程的联系

在获取高精度波速变化的基础上，进一步分析波速变化的空间位置，是探讨地震孕育区域、孕育机理的关键。基于信号的重复性，通过对长时间激发记录的分析，对主动震源激发信号中的精细震相进行分析，可以指示信号在地下的传播路径。利用震相路径，可进一步分析波速变化的可能空间区域。同时，基于散射波的敏感核，可利用多个路径上的时变测量，对区域性的波速变化区间进行分析。对介质时变空间特征的研究，是由三维结构＋一维时间向四维结构发展的必要途径。

（5）川滇地区主要活动区域粘弹性结构时变研究

在川滇主要地震活动区，包括龙门山、鲜水河－小江、红河及丽江－小金河等主要断裂带区域，基于布设的连续 GNSS，并在观测稀疏区域跨断层布设较密集的 GNSS 观测剖面，在已有的宽频带和短周期地震台观测台阵的基础上，对观测稀疏区域进行加密观测，确定这些断层区域中小地震的分布和迁移情况，并结合连续 GNSS 和 InSAR 等观测资料，确定震间及震后的形变演化情况，为确定研究区域的地下粘滞性结构的变化，以及应力场的变化情况。

（6）时变地球物理场与地震活动性及环境的关系研究

一般情况下地震孕震过程和地震活动性的变化主要与构造应力场有关。然而，近些年来不少研究发现，在降水、气候变化较为剧烈的区域，降水和环境变化对地震活动性也会有很大影响。同时，时变的物理场对于研究地震震间形变及应力场变化也有重要的意义。因此在实验场的未来研究中，结合密集台阵获得的地下速度结构和中小及微地震的活动性变化，以连续 GNSS 获得的地表形变变化和 GRACE 等时变重力观测资料，确定环境及降水变化产生的重力和结构变化对地震的影响，从而让地震的触发及孕震机理研究更为深入。

工作计划：

（1）构建区域性介质变化长周期模型

利用川滇地区固定台站连续数据，通过背景噪声方式，获取实验场波速变化长周期变化趋势；利用宾川主动源周边观测台站，获取主动源周边波速变化趋势；分析噪声源的时变特征对波速变化测量的影响；建立区域性的波速变化长周期时变地区物理场模型。

（2）分析多尺度介质变化特征

继续开展宾川主动源连续激发和观测实验；利用宾川主动源激发记录，开展监测区域波速变化主动探测；结合主动源观测区间内的噪声互相关记录，对介质波速变化的长周期趋势和较高时间分辨率的波速变化进行联合分析，获取介质波速的多时间尺度变化特征。

（3）开展重点断层波速变化密集监测研究

发展和应用流动主动源监测技术，选定重点断层，开展密集观测；基于主动源密集观测波形信息，对重点断层的波速变化进行监测分析；分析波速变化特征与断层构造特征、几何特征等的关联关系，实现对重点危险断层的主动连续监测研究。

（4）介质变化影响因素建模分析

基于高精度的波速变化监测结果，综合固体潮、气压、温度等记录，通过数值模拟和实测记录相结合的方法，分析影响介质变化的可能因素；通过相关性分析、主成分分析、支持向量机等数据分析方法，分析不同周期和幅度的波速变化的可能影响因素；利用固体潮和波速变化的周期特征，建立波速变化量与应力变化量级的模型关系，建立波速变化和介质应力变化的基础模型。

（5）介质变化时空特征研究与分析

基于气枪震源的重复性，利用多次激发记录的相位相关系数，甄别气枪信号与随机噪声；对记录到的多种主动源激发震相进行分析，结合速度结构分析其传播路径；基于不同震相进行波速变化测量，分析波速变化的可能区间；基于噪声或主动源信号的散射敏感核函数，获取区域性波速变化的空间分布特征，并分析其与地震孕育和发生的关联关系。

（6）地下介质的粘滞性结构及应力变化研究

以实验场布设的连续观测的 GNSS 和密集台阵，确定断层两侧的连续形变情况及地震波速度变化；研究中强地震发生后，震后的形变随时间的变化过程，确定断层区域的力学性质及粘弹性结构，并结合地震波速度变化及粘滞性系数的变化，研究断层的演化及愈合状态。对于断层闭锁区域，联合大地测量及地震学方法，确定其速率的变化及应力场情况。

（7）研究地球物理场变化与地震活动性的关系

基于空间大地测量学和环境观测资料，特别是 GRACE 卫星重力及连续 GNSS 等的观测数据，研究地下重力变化与降水、环境变化的相关性；再结合地震数据得到的地震活动性变化，确定环境变化对地震的触发及孕震的影响，揭示非构造运动对地震机理及危险性的影响。

阶段性目标：

大陆地震发生的位置与深部构造和断层有关，其物理过程反映为地下介质弹性性质的动态变化。综合利用多种重复震源，对地震实验场区域内的时变物理场进行分析，为研究地震物理过程提供不可或缺的基础数据。通过实行噪声源、定点主动源和流动主动源的联合观测与分析，可以形成对研究区介质波速变化的基本认识。发展和应用流动主动源密集观测方法，可为重点区域灾害监测和预警提供技术支撑，发展独具特色的主动监测技术。结合地震和大地测量等多种技术手段对时变地球物理场进行监测和研究，并结合实验场应力场模型、断层模型、速度模型、时变重力模型等，有助于分析应力变化与实验场背景构造、应力分布的关联关系，从而可以从宏观构造和局部结构两个尺度、静态结构和动态变化两个角度对地震物理机制进行更深入的研究。

进度安排：

（1）近十年阶段目标

① 形成背景噪声与气枪主动源联合探测的技术体系，获取研究区内介质波速变化的不同时间尺度的变化特征，构建研究区时变物理场的基础模型。

② 结合流动主动源激发和密集观测，针对一个或多个重点断层，开展对断裂带的多点激发和密集观测，获取断层介质变化的精细特征。为建立断层的时变模型积累基础数据。

③ 建立对波速变化影响因素和空间分布的分析研究技术手段，基于上述研究，对研究区时变物理场的空间特征进行研究。分析介质变化可能的空间区域，与实验场多个三维模型相结合，开展介质变化时空特征与地震孕育位置和过程的研究。

④ 建立联合地震学和连续地表形变及重力进行时变重力场研究的理论，揭示地震震后过程与非弹性介质的关系，以及孕震机理、触发机制与环境因素的影响。

（2）优先发展方向

近期应优先发展对介质波速变化的多时间尺度联合分析，构建研究区内介质变化的背景模型，实现长周期变化和主动探测高精度变化的联合分析。同时，发展流动主动源激发技术，建立观测系统，实现对重点断层的密集观测和研究。发展联合连续 GNSS、多期次 InSAR 观测与高密度地震台阵观测，研究震后形变及岩石圈的粘滞性、断层随时间的变化及震后愈合等科学问题。将时变重力、地表位移、水文等资料与地震学资料相结合，研究环境变化对地震活动的影响。

后期应重点发展对介质变化空间位置和影响因素的分析，推动时变信息与背景应力场、三维结构、断层等信息的融合，分析介质四维特征与地震物理机制的研究。

2. 地下流体在地震孕育过程中的作用

科学问题：

流体是重要的地球物质存在形式和能量交换载体，构造地质作用，尤其是地震活动对地下流体的动力学与地球化学特征产生重要的控制作用。因此，各种流体的运移逸散和组成特征必然与断层 / 断裂带活动性，甚至地震作用具有直接或间接的相互制约关系。针对川滇实验场区域地质背景和地理地貌、气候条件，系统地进行地下流体地球化学调查和综合研究，对于探索实验场区域应力变化和地震孕育发生机制具有广泛意义。近期工作主要是探讨地震作用与地表水体和地下流体（包括地壳浅部的地下水和地下气体、地壳深部超临界流体和软流圈岩浆等）之间的相互作用和制约关系，或者说是研究地球流体层（地表水体和地下流体）在地震孕育、发生，以及构造运动和地震灾害等过程中的相互作用及其响应特征。

研究内容主要包括三个方面：地震孕育过程中发生的地质流体前兆异常特征和机理；实验场区流体地震响应特征和机理；流体运移诱发的断层滑动和地震机理等。

在川滇实验场选择重点断裂构造带和地震活跃区域，建立气体密集观测台阵，进行断层/断裂带气体地球化学短临监测预报实验，优选气体组成和同位素特征指标，建立地震预测的综合地球化学技术方法。

技术手段：

地震孕育过程中，地壳应力状态经常发生系列变化，由此引起地下含水层介质发生形变，产生应变或者相态转化；地震发生过程中，伴随地面的振动，可引起含水层介质变化，诱发新裂隙的产生或原有裂隙的重新分布，甚至发生固结作用。地震的孕育、发生过程中含水层介质的诸多变化，都会引起相应的水文地质参数（如渗透率、孔隙压）的变化，进而导致孔隙压或地下水流动状态的变化，最终体现为地下水流量、水位、水温，以及化学离子、溶解气体物质组成和化学特性等观测数据的变化。另一方面，流体在地壳介质中的赋存、运移和扩散，既可引起裂隙或断层面摩擦强度的减小，也会由于孔隙压增大而导致有效应力的减小，两方面的影响均可导致断层的错动，尤其是瞬时快速错动，即诱发地震。

地球流体、断层泥研究新技术

地球化学手段在示踪物质来源、定年、判定地下物质组成和条件等关键地学问题上发挥着无法替代的作用。近年来，随着稀有气体质谱、加速器质谱、高灵敏度地球化学监测探头等新技术的发展，地球化学已经在研究技术、对象和观测形式上均取得长足进展，可以在地震前兆机理和成因研究中发挥重要作用，地震科学实验场未来在地球化学领域发展和建设应主要包括三个方面：

（1）地质流体释放点区（泉、井）的多测项连续观测。被动点与主动点相结合，在地震断裂带重点区段布设地震流体地球化学原位连续监测台站，布设水泉和水井连续探头，实现地下水离子、溶解二氧化碳、溶解氦的连续观测。实现高时空分辨率观测，将能够更好地捕捉地震孕育前兆，并逐步形成连续监测网络，为构造地震的发生提供预测依据。

（2）岩石稀有气体实验。岩石是主要的孕震介质，其矿物和包裹体中的元素和同位素组成蕴含了大量地下物质组成、能量传输和条件改变信息，因此开展岩石稀有气体实验，测量岩石和包裹体中稀有气体浓度和同位素组成，揭示其气体同位素端元组成和变化，将是研究地震孕育过程和前兆成因的重要方法。

（3）断裂带断层泥的研究和观测。断层泥是构造和地震活动的产物，利用穆斯堡尔谱技术测定断层泥和断裂破碎岩石的铁元素化学种，利用大型同步辐射装置的 XAFS 技术测试断层泥和断裂岩的锰、钙、硫等变价元素赋存状态，判识断层泥形成的氧化还原条件，从而示踪构造带活动与深部物质和能量来源的关系，研究构造带深部连通性。

通过上述新技术和研究工作的开展，与现有技术和方法互为补充，更加精细地观测和研究地震科学实验场主要断裂带的深部流体贡献率时空变化和断裂深浅部流体耦合程度变化。空间上评估活动断裂带不同段切割地壳深度和闭锁程度，时间上捕捉活动断裂带深部气体逸出的地震前兆信息，建立更全面的地震活动性与深部流体运移的关系模型，探究深部流体运移对地震孕育和发生所起到的作用，为认识断裂带构造地震的成因机理和预测提供科学依据。

现有基础：

各种流体与地震活动之间的响应关系极为复杂，其中的许多问题目前仍然处于探索阶段。基于现有的科学认识水平和可行的技术条件，开展流体与地震间相互作用和制约关系研究，须要基于流体前兆观测数据、水文地质参数、测震学震源机制解、小震精定位数据等。具体涉及以下内容：

（1）可反映真实构造作用的流体前兆观测数据；

（2）具有一定采样频率和可靠性的流体观测数据；

（3）研究区内各观测点及其含水层水文地质参数；

（4）实验场内蓄水、注水和地下水开采相关数据；

（5）实验场内小震精定位结果和震源机制解数据。

目前，川滇地区共布设流体水位观测88项、水温观测141项、水化学离子观测38项、溶解气体观测135项，其观测点主要分布在川滇菱形块体周缘及其附近区域，其观测多为数字化连续观测，采样率多为分钟值、整点值。利用这些观测数据，在排除人为干扰、环境干扰等因素的前提下，通过水文地质学、地下水动力学等数学物理模型等，可进一步获取其观测含水层介质参数和区域构造应力状态，进而分析刻画地震的孕育、发生过程。

准确获取实验场区内不同层位含水层介质的水文地质参数，是研究流体与地震间关系的必要条件。目前，川滇地区各观测井水文地质参数不完整，部分具有岩性柱状图和1：50万比例尺的水文地质图，缺乏可开展综合系统研究的基础资料。目前，可通过对现有观测仪器进行改进，提高采样率和数据存储容量，方可记录到完整的水震波。基于高频采样水位数据（整点值、秒钟值），结合测震地表位移观测，反演出观测井的含水层系统的介质参数（如孔隙度、渗透率），为深入分析区域构造应力状态研究提供基础。系统开展流体地球化学调查研究，特别是断裂带气体地球化学检测，包括地下流体液相和气相物质的化学组成和同位素比值等，为深刻理解流体来源与形成机理、运移过程与控制因素等提供定性与定量的数据支持；选取重点断层或断裂带的适当区段布设原位连续检测站点，获取区域地球化学场的三维甚至四维变化模型，进而为实验场地下流体动力学及其与地震活动的制约关系提供科学依据。

流体对断层有弱化作用，流体的存在和赋存状态的变化及运移可以促使断层面上孔隙压力增大、有效正应力减小。实验场内要开展各断裂带、断层的流体弱化作用研究，需要对研究区内的地震活动进行小震精定位并获取其震源机制解，进而获得断层及其附近区域的应力分布，并与实际观测或理论值进行对比研究。与流体相关的断层动态弱化作用在一些震例中得到认识，但对其机理和对地震灾害的影响认识还很有限，需结合野外观测和破裂过程数值模拟进行深入研究。

实验场区内，存在水库蓄水（紫坪铺水库）、加压注水采气（威远页岩气）、采盐（长宁盐矿）等工程项目，这些人类活动会引起地下水活动的异常变化和地震活动增强的现象。基于水库蓄水、加压注水后诱发地震的时空活动特征，分析水库对局部断层地震活动的影响，进而讨论地震的发震过程，需基于蓄水、注水相关数据（如蓄水量、注水量、注水压力等）、测震学小震精定位、震源机制解等数据，分析地震活动增强与流体扩散的时空特征、区域构造应力场时空分布特征等。

工作重点：

（1）震前流体异常特征及其机理研究

地震前后的水位、水温异常应为地应力作用的结果。因此，以实验场区具有复杂地下水位、水温异常的断裂带为体系，揭示应力与水位、水温变化的定量关系。普查实验场重点监测井水位、水温观测及其动态特征，研究其与周边地震活动的关系及其异常机理。

（2）区域水文地质参数获取

水文地质参数（如渗透率、储水率、孔隙度、等效厚度等）的获取，工程上多通过抽水实验实现，但在实际应用中由于受客观条件的限制，无法进行抽水实验来获取含水层参数。但可基于一定的数学物理模型，利用流体观测资料来反演井下含水层介质参数，为断层模型、介质模型提供参考依据。

（3）实验场区内诱发地震研究

利用小震精定位数据和流体扩散机制，分析水库蓄水诱发地震、注水诱发地震的时空演化特征，探讨实验场区内地震孕育、发生过程中的流体作用，并进一步确定注水作用的影响范围、诱发地震的强度、频度等。

（4）实验场区内断层应力状态研究

断层深部流体通过物理作用与化学作用影响着岩石的变形机制，从而影响断层力学性质与地震的孕育和发生。利用震源机制解，得到断层及其附近区域的水平应力分布特征；另外，利用水位同震阶变数据，获取区域应力在地震前后的变化状态。

（5）系统研究流体与断层动态弱化

结合破裂数值模拟及野外观测，定量评估流体及动态断层弱化过程，以及对地震破裂和滑移分布的影响。

工作计划：

（1）构建流体前兆异常机理模型

针对井水位、水温在强震前的异常变化特征，给出有合理理论依据的机理解释，并基于饱水岩石三轴加载的变化－破坏实验，模拟地震前地下水位、水温变化形态，进而构建典型区域地下水前兆异常模型。

（2）建立区域水文地质参数模型

基于流体观测、形变和波形数据等，获取地下流体的潮汐响应和水震波形态，利用水文地质学、地下水动力学等数学物理模型，获取观测点区域井含水层系统、断层带水文地质参数（如孔隙度、渗透率等）。

（3）获取主要断层带应力状态

首先，结合应力模型，建立地下水位－地壳应力相互关系。其次，结合水文地质条件与断层活动特征，确定：水文地质特征与断层的运动特征、活动强度等关键信息之间的物理关系；地下水温度、压力及地下水中特殊矿物的含量与断层潜在能量的大小及地应力特征之间的关系。

（4）识别诱发地震的时空分布特征

断层内部流体孔隙压力周期性变化是断层带脆－塑性转化、裂缝张开与愈合等的直接体现，这种变化控制着断层强度与强震周期性发生现象。基于流体扩散机制和小震精定位数据，可识别诱发地震的分布范围，确定可能的破坏性诱发地震的分布区域。

阶段性目标：

流体前兆异常机理研究、水文介质参数反演、断层应力状态分析和诱发地震时空分布特征分析等方面研究的开展，一方面可进一步优化实验场区内的观测条件和基础数据，另一方面也可不断完善实验场区内的介质模型、断层模型和块体模型，并推进流体与地震关系的理论进步。因此，在实验场开展流体与地震间关系的相关研究，有助于深入理解流体在地震孕育、发生过程中的作用，研究过程中可获取实验场区内水文地质参数、断层应力变化状态等边界条件和初始条件，为构建实验场区介质模型和断层模型提供必要的基础数据。

进度安排：

（1）近十年阶段目标

① 通过观测设备改进，利用水震波、水位固体潮响应特征，反演获取实验场区内主要断层及其附近区域的水文地质参数。

② 基于测震学方法，获取实验场区内主要断层及其附近区域的小震精定位数据和震源机制解，分析研究区内主要断层带应力空间分布状态，并基于流体扩散理论，分析断层应力状态与流体作用的相关性。

③ 基于以上两方面研究获取的断层带水文地质参数、断层应力变化状态等成果，为构建实验场区介质模型和断层模型提供必要的边界条件和初始条件，进而改进和完善相关模型，并在此过程中推进流体与地震间关系的理论水平。

④ 充分利用现有监测站点，加密布设冷热泉水和地表水体等被动测点及民用水井与探孔相结合的主动站点的地下流体地球化学检测，建立实验场及其周围地区区域流体地球化学场检测系统，探索断层活动性判识、地震作用反演和预测的流体地球化学指标体系。

（2）优先发展方向

应优先发展实验场区水文参数获取方向的研究，如水文地质条件调查、水文地质参数获取、井孔抽水实验、含水岩石破裂实验等方向；其次，推进实验场区内小震精定位研究，获取其震源机制解；后期，基于水文地质参数、小震精定位结果，逐步开展断层应力变化状态、流体与断层活动关系的研究，如水库诱发地震、盐矿注水诱发地震、页岩气注水致裂诱发地震等。

3. 地震断层的多尺度物理与摩擦本构关系

科学问题：

岩石摩擦实验是断层力学和震源物理实验研究中主要的手段之一。传统低速率的岩石摩擦实验与以之为基础建立的速率状态变量摩擦本构关系理论体系，对于认识断层摩擦滑动稳定性和地震成核等地震成因机制问题具有重要意义。近 20 年来，在断层力学领域兴起了用于模拟断层同震动态滑动的岩石高速摩擦实验。这种新的实验模拟方法揭示出断层同震滑动存在明显的摩擦生热效应，断层的力学性状主要表现为显著的滑移弱化和速度弱化，断层带物质在断层高速滑移过程中经历了各种复杂的物理化学变化。研究成果对于认识和评估断层同震弱化机制、断层带强度、地震能量分配、断层破裂模式、断层愈合等问题具有重要启示。

技术手段：

岩石实验包含三个部分的实验内容，分别是断层滑动弱化实验、断层破裂传播实验和深钻岩样实验。

现有基础：

实验场的岩石实验的目标是服务于川滇地震动力学模型的构建和完善，因此该部分的基础资料主要包括三个方面：

（1）SCEC 地震中心有关 SAFOD 科学钻的深钻岩样实验结果，以及日本、俄罗斯等国外开展深钻岩样实验的最新进展。这些资料的整理和吸收可为设计和实施川滇的深钻研究积累成熟经验。

（2）系统吸收汶川地震后开展的地震科学钻的成果资料，梳理我国目前已开展的构造物理模拟实验的成果、实验条件、存在的不足和可扩展能力评估等，为后续针对实验场内强震构造条件的实验提供硬件准备。

（3）结合实验场地区内的构造条件、地震活动特征、已有钻孔分布等特点，筛选未来开展先导钻及深钻的地点，并提供多学科论证评估，为后续规划提供预研究。

工作重点：

（1）断层滑动弱化的实验

断层滑动弱化的实验一般均通过断层泥的高速摩擦实验装置来实现。实验测量地震断层的剪切阻力，从震源物理的角度探讨剪切阻力与滑移速度，以及滑移距离与法向应力的关系。实验主要有三种：

① 平板冲击压剪摩擦实验；

② 改进的霍普金森扭杆摩擦实验；

③ 分离式霍普金森压杆摩擦实验。

（2）断层泥相关物理和化学实验

断层泥作为断层多次活动的产物，一方面记录着断层运动的一些信息；另一方面，断层泥自身的物理力学性质对地震的发震机理都会产生影响，研究断层泥的物理力学性质是进行地震预报研究的基础。目前，对断层泥的研究主要体现在以下几个方面：

① 断层泥的形成机理和结构特征；

② 断层泥的物理力学性质；

③ 断层泥的滑动特性。

（3）断层破裂传播实验

包括模拟材料的断层破裂传播实验、数字图像互相关技术研究和岩石材料的断层破裂传播实验。

（4）深钻岩样的相关实验

包括断层高速摩擦实验、岩石粉碎机制和显微构造分析、断层岩的有机质热成熟度与古地震关系研究、具有损伤流变的区域模型中地震和断层的耦合演化特征研究。

（5）断层泥物理 – 化学相互作用实验

主要开展断层泥矿物学与地球化学特征及其对断层泥物理力学性质的制约关系探索研究，注意多种变价元素赋存状态（例如铁、锰、钙、硫等）及其变化所揭示的断层或断裂带物理 – 化学条件对于断层泥形成与聚集的控制意义，以及对断层泥（断裂岩）物理力学性质的制约与影响。

工作计划：

岩石摩擦实验的重点是模拟断层的破裂及应力变化过程，为科学认识地震动力学模型提供模拟支撑。因此，岩石实验的新技术、新思路、新实验材料的引入，取得的新的实验结果对更新断层动力学过程具有重要意义。

实验场研究范围内的主要活动构造均为板内活动构造，这与目前已开展的 SAFOD 钻孔针对的圣安德列斯断裂带为板块边界主断层不同。因此，在岩石摩擦实验的设计和深钻实验设计时考虑实验场本身特点，实验成果应充分反映实验场板内活动断裂带的特点，为构建断层动力学过程提供更有针对性的模拟结果。

阶段性目标：

在断层滑动弱化的理论方面，给出了孔隙流体的热增压弱化机制理论模型、急骤加热弱化机制理论，提出了断层滑动弱化的石英质岩石的含水层影响机制、摩擦热增压机制。详细给出了断层摩擦的实验测量技术，研究断层泥摩擦系数的影响因素。

对断层破裂传播过程系统开展了模拟材料的动态光弹实验，与有关弱界面断层破裂传播理论和数值模拟结果相比较，证实了断层超剪切破裂传播的存在，促进了断层动力学的发展。

深钻岩样的相关实验中：

（1）断层高速摩擦实验确定断层岩在地震滑移速率下的剪切摩擦行为，获得大型活动断裂高速摩擦时的滑动摩擦系数，为地震动力学模拟提供可靠依据。

（2）岩石粉碎机制和显微构造分析部分，采集断裂带的粉碎断层岩样品，建立粉碎断层岩的图像识别系统，通过粒径分布和裂隙定向研究岩石粉碎机制。

（3）断层岩的有机质热成熟度与古地震关系部分，测量来自深钻岩心样品的有机质热成熟度，提取断裂带蠕滑段的古地震活动信息。

（4）具有损伤流变的区域模型中地震和断层耦合演化，通过研究在三维固体介质中不断演化的断层系统的地震模式，建立在地质－地球物理相关框架下地震活动性的物理基础。

进度安排：

（1）10 年内阶段目标

在前期调研的基础上，对国内局部开展高速摩擦实验的实验室（例如中国地震局地质研究所地震动力学国家重点实验室）给予资金支持，购置、更新实验设备，结合实验场的特点开始新的实验设计，为深钻的实验积累科学经验。

借鉴 SAFOD 项目实施经验，考虑科学钻探所需资金、技术水平和人才队伍建设，以及岩心样品的全球公开，通过国际合作推动科学进步，这一流程可保证对宝贵的岩心样品进行多学科综合研究，将有限的资金用于解决重大基础科学问题；同时考虑目前已经实施的 4 口汶川地震科学钻及研究区的大量石油钻探资料，促使在 2023~2025 年完成实验场的 1~2 口深钻，与之前的先导孔一起，建立原位地震监测网，促进对该地区地震活动和机制的认识。

（2）未来 3~5 年优先发展方向

① 以深钻选址为目标，确定目标断层，开展详细的地质和地球物理综合研究，通过一些浅钻（先导孔）开展原位观测，积累经验和数据；同时，组织我国科技人员参加 ICDP 举办的 WorkShop，并参观 SCEC 的深钻实验中心，为深钻的成功实施做人才、技术、装备和管理的准备，提高国际影响力。

② 应当逐步扩展到更高的正应力和更加复杂的滑移历史，而且应当逐步完善孔隙压系统和加温系统。同时，应当与常规低速率高温高压摩擦实验、断层带渗透率实验、磁化率等其他物性的研究建立紧密的联系，如对于摩擦滑动的速度依赖性研究，应当同低速率摩擦实验相结合，细致了解断层自板块运动速率到同震摩擦滑动整个宽速率范围内的速度依赖性。

③ 基于数字散斑及声发射技术开展大尺度岩石相似材料的滑动摩擦失稳室内实验，模拟天然断层的滑动失稳破坏过程，开展断层远近场应力特征差异研究，从地震孕育物

理过程出发，建立断层应力场与区域应力场的定量关系，研究断层应力的积累过程，发展以物理模型为基础的强震中长期预测方法。

④ 建议基于压电传感器阵列技术开展大尺度岩石材料的断层动态破裂室内实验，模拟天然地震断层的动态破裂过程，不仅验证地震破裂动力学数值模拟，而且为地震破裂动力学反演的地面观测方法和布局提供支撑。

4. 地震破裂模型

科学问题：

强震周期涵盖地震孕育、破裂传播及终止、震后恢复等过程，包括震间、震前应力积累、同震破裂过程、震后应力恢复、断层介质性质变化等，是了解地震机理和建立有效物理预报机制的关键。主要包含以下三方面的内容：

（1）同震破裂过程；

（2）强震复发周期；

（3）断层弱化机制及地震孕育成核。

要实现基于物理的强震预测，主要依赖于断层几何结构、断层介质性质、断层摩擦本构关系、断层应力状态分布，以及地震周期中不同阶段形变模型约束等。目前，基于大地测量技术，联合地震学、大地测量学（如 GNSS、InSAR 等）观测资料反演区域的变形模型、同震破裂模型及震后地表形变场的整体形变态势已经得到了较为广泛的研究。同时，结合地震、地质和大地测量等资料对主干断层的几何结构也已得到了系列研究，从而为地震同震及震后，以及震间破裂和形变研究提供了基础。而对于发震断层的摩擦性质、发生级联破裂的关键因素、如何将观测地震学结果如统一介质模型与未来地震危险性连接等，是相对前沿的科学问题。已有的研究表明，较小的凹凸体同震破裂不向周边凹凸体扩展，而较大凹凸体同震破裂向周边凹凸体扩展，但并未说明发生级联破裂的关键因素是凹凸体尺寸还是断层摩擦性质。凹凸体对应断层运动速度弱化区，震间闭锁区域为有利于断层应变积累的潜在强震危险区，同震表现为快速破裂；而障碍体对应断层运动速度强化区，断层长期处于相对稳定的滑动状态。另外，断层速度弱化区初始破裂导致相邻强化区严重破坏性断层破裂，而非两个凹凸体发生级联破裂。也有研究表明，断层孕震带的倾向宽度是决定地震大小的关键[①]，尤其是对于大陆走滑地震而言，孕震带较小的断层不利于发生很大的地震，而孕震带较大的断层利于大地震的发生，且可能产生超剪切破裂。这些不同模型在理解强震周期过程、强震时空演化等现象时起到了非常

---

① Weng H., Yang H.. Seismogenic width controls aspect ratios of earthquake ruptures. *Geophysical Research Letters*, 2017，44：2725–2732，doi：10.1002/2016GL072168.

关键的作用。

利用速度－状态准则求解速度量与状态量组成的偏微分方程组的数值解[1]，并且以断层面上滑动速率超过某一阈值作为地震破裂发生的标度，从而产生理论地震目录。此模拟方法可以得到滑动速率和地震破裂长度，显示出单一断裂史上强震发生的周期性。然而，这种模型的断层面始终处于滑动之中（当断层滑动速率超过人为定义的阈值时，地震发生，通常适用于 7 级以上的大地震），模拟得到单一地震（如 7 级）发生破裂过程的持续时间通常长达数小时，缺乏震源脆性破裂过程描述，较实际观测存在很大偏离，还没有真正应用到区域地震危险性分析中。

利用断层物理参数模拟特定的实际断层的地震活动性及应力场变化[2-4]，此方法将断层的蠕滑区域和地震区域分开赋予强度值，从而可以细致模拟断层不同区域的地震特性，但是对于断层物性的空间分布的认识程度要求较高。目前该方法主要用于圣安德烈斯断层的地震活动性研究中。

多断层模型地震活动性模拟方法引入断层间应力相互作用机制[5]，在此基础上考虑破裂传递和自动愈合效应，使之更接近实际破裂过程。这一模拟方法是基于库仑破裂准则和应力传递机制进行地震活动性模拟。2006 年有专家发表了将断层滑动速率加入作为构造加载的改进版程序[6]，并先后应用于研究新西兰惠灵顿、新西兰南岛北部和陶波裂谷及中国四川等地区的地震活动性模拟[6-10]。基于该方法模拟中国川西地区的地震活动性，结果显示，在汶川 8 级地震发生前预测得出龙门山断裂带具有超强地震（$M_S7.5$ 以上）发生的危险的结论[9]，给出的龙门山断裂带超强地震（$M_S7.5$ 以上）复现周期2700~3200 年也被后面开展的地震地质、大地测量的相关研究所证实。

---

[1] Dieterich J.H.. A constitutive law for rate of earthquake production and its application to earthquake clustering. *Journal of Geophysical Research Solid Earth*, 1994，99：2601-2618.

[2] Ben-Zion Y.. Stress, slip, and earthquakes in models of complex single-fault systems incorporating brittle and creep deformations. *Journal of Geophysical Research Atmospheres*, 1996，101：5677-5706.

[3] Ben-Zion Y.. Episodic tremor and slip on a frictional interface with critical zero weakening in elastic solid. *Geophysical Journal International*, 2012，189：1159-1168.

[4] Ben-Zion Y., Eneva M., Liu Y.F.. Large earthquake cycles and intermittent criticality on heterogeneous faults due to evolving stress and seismicity. *Journal of Geophysical Research Solid Earth*, 2003，108：211-227.

[5] Robinson R., Benites R.. Synthetic seismicity models of multiple interacting faults. *Journal of Geophysical Research Atmospheres*, 1995，1001：18229-18238.

[6] Zhou S.Y., Johnston S., Robinson R., Vere-Jones D.. Tests of the precursory AMR using a syntheticseismicity model. *Journal of Geophysical Research*, 2006，111：B05308, doi：10.1029/2005JB003720.

[7] Robinson R., Benites R.. Synthetic seismicity models for the Wellington Region, New Zealand：Implications for the temporal distribution of large events. *Journal of Geophysical Research Atmospheres*, 1996，101：27833-27844.

[8] Robinson R., Zhou S.Y., Johnston S., Vere-Jones D.. Precursory accelerating seismic moment release（AMR）in a synthetic seismicity catalogue：A preliminary study. *Geophysical Research Letters*, 2005，32：L07309, doi：10.1029/2005GL022576.

[9] 周仕勇．川西及邻近地区地震活动性模拟和断层间相互作用研究．地球物理学报，2008，51：165-174.

[10] 金欣，周仕勇，杨婷．地震活动性模拟方法及太原地区地震活动性模拟．地球物理学报，2017，60：1433-1445, doi：10.6038/cjg20170417.

对于同震破裂过程，断层的摩擦性质和应力状态具有决定性作用。尽管地震的发生是应力超过了剪切强度的结果，但即使在一个地震之后，断层的剪切强度及滑动弱化距离也难以确定。最近的研究表明，利用近场的观测数据结合震源运动学模型，可以有效约束大地震发震断层的摩擦强度、滑动弱化距离等重要摩擦参数，在2015年尼泊尔7.8级地震和2012年哥斯达黎加7.6级地震的震例中得到了很好的验证[1][2]，这些摩擦参数对于构建未来强震周期及同震破裂过程模拟、地表强震动模拟十分关键。

技术手段：

图 4.10 为构建强震复发周期模型技术流程，强震复发周期模型以统一结构模型（介质模型、断层模型）为基础，以形变模型作为边界约束，遵循速度 – 状态摩擦本构定律，利用高性能数值计算平台，开展强震破裂过程的计算，获得断裂带强震的迁移特征及物理机理，进而开展地震中长期预测、地震危险性评估及强地面运动分析。反过来，也可以利用已有古地震事件、发震周期等对断层模型进行校正。同时，将强震破裂机理研究得到的先验约束施加到地震的同震破裂模型中，也能在一定程度上更好地约束地震的同震及震后余滑模型的反演。

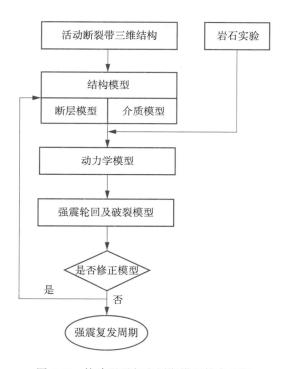

图 4.10　构建强震复发周期模型技术流程

①　Weng H., Yang H.. Constraining frictional properties on fault by dynamic rupture simulations and near-field observations. *Journal of Geophysical Research*, 2018，doi：10.1029/2017JB015414.

②　Yao S., Yang, H.. Determination of coseismic frictional properties on the megathrust during the 2012 M7.6 Nicoya earthquake. *American Geophysical Union, Fall meetting, Abstract,* 2018，T41H-0407.

现有基础：

需要介质模型和断层模型作为动力学模拟的基本输入参数，需要形变模型作为动力学模型的动态边界条件，更为重要的还有岩石物理实验及壳幔温压环境的研究结果。具体为：

介质模型：精细的速度结构、密度结构。

断层模型：详细的断层几何结构；断层各分段运动学特征，尤其是纵向速度的差异；断层各分段物理性质，尤其是断层摩擦系数的横向非均匀性；断裂古地震事件，历史地震复发周期。

形变模型：模型构造加载速率。

介质模型方面，通过大规模流动、固定台网的布设，川滇地区已获取大量的波形数据。但是，到目前为止还没有公认的或统一的速度模型，且不同方法给出的三维速度结构模型、各向异性模型及衰减模型存在差异，缺乏对模型进行细致的对比和验证。断层模型方面，通过开展活断层填图及系列强震的震后科考等工作，对部分主干断裂已开展相对深入的调查，但仍存在次级断裂研究程度较低、模型精度不够及缺乏断层系统性调查工作等问题。同时，针对断层分段摩擦系数的研究更为少见。形变模型方面，实验场已有大量的 GNSS、水准、基线、InSAR 等观测资料，并初步开展了区域变形场、断层闭锁状态、断层短期及长期的滑动速率等方面的研究，但已有的研究大多基于单一类型数据，缺乏不同数据间的整合；针对汶川地震等川滇地区部分地震，已开展同震、震后位移观测及同震位错模型反演等工作，但大多是基于观测密度较低的单一形变观测数据，没有利用综合数据的优势。另外，大多数观测都是短时间的流动观测，难以得到长期的震后和震间形变过程，为了准确确定介质的粘弹性性质，以及断层的失稳特征，需要进一步组织高密度的长期大地测量观测。

高性能计算

大规模高性能模拟计算近年来有效推动了地震发生过程的重现及预测研究。地壳内部结构非常复杂，三维地震物理模型需要庞大复杂的计算，即使最前沿的十亿亿次量级的超级计算机也达不到所需的时空尺度要求。随着计算机技术的发展，解剖地震大数据建模，研发基于超算技术的计算地震方法和软件库，开展地震数值模拟实验与检验，探索深度学习地震预测新方法在地震系统科学中的作用越来越重要。美国南加州地震中心与圣地亚哥超级计算中心等单位多学科合作，通过建立应变格林张量库来提高三维模型中精确理论地震图的计算效率，实现三维模型中震源破裂过程的反演，在开发地震危害度分析研究的大型地震计算模拟领域取得了显著的进展。该中心建立的 CyberShake 计算平台，用于波动物理模拟的概率地震危险性评估（PSHA），是目前世界上唯一能从事 PSHA 的实用工具。由此产生的加州地震灾害图正被融合到美国地质局的传统地震灾害图里，并应用于完善城市建筑防震标准，深化地震灾害保险制度改革。南方科技大学、中国科技大学地球和空间科学学院及清华大学地球系统科学系等 2017 年应用美国地震计算软件 AWP–ODC 模拟 18 Hz 非线性唐山地震波，获得素有超级计算诺贝尔之称的 Gordon Bell 奖，是中国超级计算应用的一个里程碑。以防灾减灾为目的的地震波模拟超级计算应用方兴未艾，实验场为大规模地震波模拟的国际研讨合作提供了极好的平台。

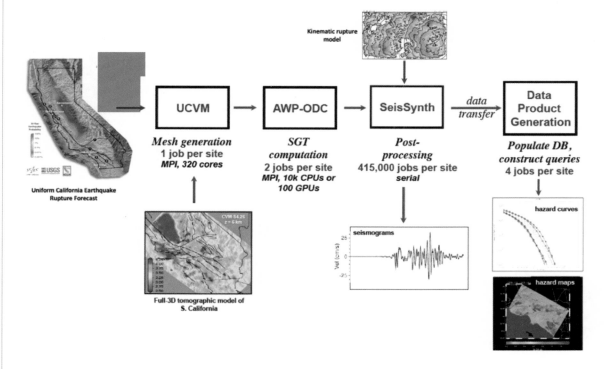

洛杉矶地震灾害图由自动工作流完成，使用数千万超级计算机机时，提交运行约 5 亿作业。

SCEC CyberShake 流程

工作重点：

强震破裂过程方面，研究断层不稳定区内地震成核现象、成核时间与空间特征，地震以动态加载方式的传播，以及多个凹凸体可能发生的级联破裂；强震复发周期方面，基于物理实验和数值方法，给出综合的摩擦本构定律，可以满足速度 – 步长实验和滑动 – 控制 – 滑动实验中观测到的速度依赖性、时间依赖性和位移依赖性；断层弱化机制方面，研究壳幔温压环境、断层泥内流体浸入；破裂受控因素方面，研究断层几何结构、凹凸体、断层摩擦性质等在断裂带空间分布上的非均匀性及对破裂过程的影响。

工作计划：

基于鲜水河断裂带动力学模型的研究表明，依据理想的速度－状态摩擦本构定律，模拟结果能较好地解释断裂长时间尺度的强震迁移、复发周期及短期内的成核现象。一些地震的破裂终止于断层的弯曲位置，可能意味着断层的几何结构控制破裂的方式及传播过程。

基于南海海槽板间地震复发周期的大规模数值实验[①]表明，差异性动力作用下断层几何结构的差异引起局部区域应力的集中，继而引起断层的预滑。介质的非均一性及断层摩擦性质的横向差异控制着破裂的传播及终止。数值模拟结果能够较好地解释区域历史强震不同活跃期内的迁移特征。

阶段性目标：

强震周期模型的主要应用可分为：对已有的断层模型进行校正；开展地震中长期预测；开展强地面震动分析。

针对已有的断层模型进行校正，以历史地震事件、复发周期等资料为约束，通过回溯性检验，对断层模型涉及的摩擦系数、运动速率、岩石实验参数等进行校正。

针对地震中长期预测，在动力学模型能较好地模拟历史地震发生及迁移规律的基础上，开展中长期地震预测、地震危险性评估。

针对开展强地面震动分析，基于动力学模拟结果，分析强震同震破裂对地表的影响，用于地震灾评评估。

进度安排：

（1）10年内阶段目标

随着断层几何结构、断层性质、介质物性等研究资料的丰富，可以借助高性能平台，实现包含介质非均一性、断层几何结构与摩擦参数非均一性等参量的数值模拟，结合强震迁移特征及破裂过程的影响，进行中长期地震预测及地震危险性概率分析。

要实现这一目标，需要高分辨率的结构模型，包括精细的速度结构、密度结构等介质模型，断层的几何结构、运动特征、断层摩擦系数等断层模型，基于岩石物理实验的合理经验常数，断层历史地震事件及复发周期等。

（2）优先发展方向

调研川滇地区主要活动断裂带历史强震活动、历史强震复发周期等资料，获得历史

---

① Hok S., Fukuyama E., Hashimoto C.. Dynamic rupture scenarios of anticipated Nankai–Tonankai earthquakes, southwest Japan. *Journal of Geophysical Research*, 2011，116：B12319.

强震的时空迁移特征。借助动力学理论模型开展模拟分析，评估动力学模型中相关参数的可靠程度，与观测地震学结果互相印证、检验，并通过分析不同断层物性参数下断层破裂的分布规律，结合跨断层的密集地震和GNSS台阵观测，确定断层的状态及介质性质；选择断裂带强震复发周期及强震破裂理想的介质模型、断层模型、变形模型及经验参数。构建动力学模型，开展强震的中长期预测、地震危险性分析。

5. 人类活动诱发地震问题

科学问题：

川滇地区不仅是开展大陆强震孕育机理研究的理想实验场，也是开展人类活动（如水资源利用、油气勘探、页岩气开采、地热能源生产、矿井开采等）诱发地震研究的最佳场所。与构造地震相比，水库地震或页岩气开采注水诱发地震的范围及流体的加载或影响过程较为确定，因此对诱发地震的孕育、发生和发展的物理过程和机理方面的认识相对深入，进行诱发地震的趋势预测比构造地震更具有利条件。而诱发地震的深入研究，可为大尺度的强震机理和预测提供参考。此外，通过对上述人类活动诱发地震活动增强现象的研究，可探讨如何采取有效措施减轻这些人类活动产生的影响，预测可能造成的灾害，从而更好地满足安全生产建设的需求。

（1）水库诱发地震：随着我国经济建设的发展，实验场区内的澜沧江、金沙江、雅砻江、大渡河等几大流域，正在建设流域型大型水电站，这些大型河流多沿大型断裂展布或穿过大型断裂带。其中沿金沙江全流域共计划开发25级电站，沿则木河、安宁河和小江断裂带展布的金沙江下游已建成了4座世界级大型电站。随着近年来部分大型水库的不断蓄水，川滇地区与水库有关的地震活动逐渐频繁，水库区频繁发生的地震往往带来严重的直接和次生灾害，产生强烈的社会影响，也引起国内外舆论的高度关注。如2008年汶川地震与紫坪铺水库蓄水的关系一直以来存在广泛的关注和争议；三峡水库蓄水后，库区周边的地震活动显著升高；金沙江下游溪洛渡水库于2013年5月蓄水，蓄水后水库地震监测台网很快观测到库区周边地震活动显著增强。2014年4月5日永善M5.3、2014年8月17日永善M5.0、2014年8月3日鲁甸M6.1地震，均引起了国内和国际舆论关注。高烈度区大型水库蓄水后库区潜在地震危险性如何？如何判别库区地震活动是水库诱发地震还是构造地震活动？水库地震的发生机理是什么？水库蓄水对库区周围断裂应力状态的影响程度、随蓄水进程库区周围地震的动态发展趋势判定等，都是被重点关注的科学和社会问题。

（2）页岩气开采注水与地震：近些年来，页岩气的开采与地震研究已经成为一个科学界极为关注的问题，美国由于页岩气的开采已经诱发了多次中强地震，相关的研究已经多次发表在国际顶尖杂志上。根据国家发展规划，未来二十年中国将成为仅次于北美的全球第二大页岩气产区。和美国相似，近年来随着我国页岩气的工业开采，开采区周围出现了显著的地震活动。中国地震科学实验场区附近是我国重要的页岩气开采区，由于页岩气资源埋藏较深（1500 m~4500 m 不等），大量注水压入地下深处，存在较大诱发地震风险。这些地震活动是否与工业活动有关？开采区地震活动趋势的评估和预测、预防减灾等问题都具有重要的科学和实际意义。

技术手段：

水库诱发地震方面，通过在水库库区建设密集的微震观测台网，高精度监测库区地震活动，运用前沿的地震学方法和技术，确定库区地下精细结构，研究水库蓄水前及蓄水后各阶段的地震活动、震源参数、应力场及它们的时空演化过程和特征等，跟踪分析它们与蓄水过程的相关性，分析其震源特征及发震的深部环境，开展诱发地震孕育、发展、发生全过程的监测，分析蓄水的影响范围；建立库区断层和介质模型，基于流体扩散理论，采用三维有限元等技术，定量计算水库蓄水造成的库区介质和断层的应力变化动态过程，综合水库地震的活动特征、成因机理等，判定水库地震危险地点、最大强度和紧迫性。

页岩气开采人工诱发地震与水库诱发地震在发生机理上有一致性，可相互借鉴。页岩气开采人工诱发地震，首先需要了解掌握实验场区及附近页岩气开采有关情况。在开采区加密地震监测，尤其是在液体注入和抽取地区，井下地震监控尤为重要，更全面地收集深部废水注入数据，有助于发现、甄别出诱发地震活动的区域，提高对诱发地震的认识。

理论基础：

水库或页岩气开采诱发地震的主要机理是流体通过物理或化学作用影响着断层、裂隙或岩石的变形机制，从而影响断层的力学性质，导致地震的发生。诱发地震研究首先要获取诱发地震活动的时空特征，分析其与蓄水水位或注水量等人类活动之间的时间、空间关联，因此微震识别和精确定位技术是重要的研究基础。其次，地震震源特征、发生构造及应力环境的特征等，都以地震学理论和方法为基础。

此外，水库蓄水对库区介质和断层产生三种效应，即弹性效应、压实效应和扩散效应，水库诱发地震是这三种效应共同作用的结果，这三种效应是一个动态耦合过程。考虑水库区地质构造、库区水文地质条件等，建立高分辨率三维孔弹耦合地质模型，采用有限元等数值模拟方法研究库区位移场、应力场和形变能变化，分析它们与水位变化和地震活动之间的动态响应关系，结合库区重点部位水文地质、岩性、构造的详细地质调查，为综合判断发生较大水库地震的位置和强度提供依据。

工作重点：

水库诱发地震：金沙江下游乌东德、白鹤滩、溪洛渡、向家坝四座世界级的大型水库中，溪洛渡最大坝高278 m，库容127亿 m³，2013年5月蓄水后，库区地震活动显著增强，2014年先后发生了永善M5.3、M5.0地震。白鹤滩水库最大坝高289 m，库容206亿 m³，是我国目前库容最大的水电站之一，计划于2020年蓄水。白鹤滩水电站位于大凉山NS向构造带的南段，小江断裂、大凉山断裂与莲峰–巧家构造带相加持的三角形区域内，蓄水后的水库淹没区自巧家向南，沿NS向的小江断裂带北段展布，存在发生较大水库诱发地震的潜在危险。以白鹤滩库区为重点工作区域，开展库区密集微震观测（台站间距20 km以内），获得高精度地震目录和观测波形，精细研究水库蓄水前及蓄水后各阶段的地震活动、地震震源特征，反演库区蓄水前后及蓄水后各阶段随时间变化的三维速度、波速比、介质衰减结构等，研究库区应力场及其时空变化过程和特征，分析它们与蓄水过程的相关性及蓄水的影响范围；开展库区介质和断层对蓄水过程的动态应力响应计算，分析地震孕育、发展及发生过程中流体的作用；开展水库诱发地震危险性地点和发震紧迫性的研究。

页岩气开采注水诱发地震：以我国页岩气国家级先行开采区为重点研究示范区，实施加密观测。运用前沿的地震学方法和技术，开展微震识别、地震活动时空迁移、震源机制、地震活动统计特征等研究，定量计算和分析注水引起开采区的应力变化及其与地震的关系，探讨诱发地震发生机制及预测方法。

阶段性目标：

（1）随着实验场区各种模型（如区域水文地质参数模型等）新版本的发布，更新获取断层带水文地质参数（如孔隙度、渗透率等）。

（2）根据水库蓄水动态过程或页岩气开采进度，动态评价诱发地震的发展趋势。与水库和页岩气开采的建设单位开展资料交换和合作研究，基于对水库区或开采区的加密观测，采用前沿的数字地震学方法和技术，开展人工诱发地震识别方法、活动特征和成因机制研究，提取水库地震和页岩气开采注水诱发地震的活动特征、机理及识别方法。分析地震孕育和发生过程中流体的作用和影响，探讨强震发生中流体的作用。

（3）水库区和页岩气开采区的诱发地震危险性评估。主要考虑与构造（断层或隐伏断层）有关的诱发地震活动。目前报道的这类地震活动最大震级在5级左右。

进度安排：

（1）10年内阶段目标

开展人工诱发地震识别方法、活动特征和成因机制研究，提取水库地震和页岩气开采注水诱发地震的活动特征、机理及识别方法，评估诱发地震危险性。

（2）优先发展方向

1）密集地震监测布网及微震监测和自动处理技术

发展基于小尺度密集台阵监测的微震识别技术和定位技术，在地震活动背景较强的地区，通过加密地震观测全面监视水库区或页岩气开采区的微震活动，联合其他来源的观测数据，获得与工程活动相伴随的地震时空分布及其演化图像、震源机制特征，分析时空演化图像与水库水位变化（率）或开采过程的关联、微震活动与周围较大地震活动（失稳过程）的关联等。

2）多地震波参数精细四维结构成像技术

开展多地震波参数（速度、波速比结构、衰减结构、散射结构等）分时段三维精细成像，以研究人类活动诱发地震发生的深部环境条件，探测水库蓄水或页岩气废水注入后的渗透特征和影响范围，并为人类活动诱发地震的数值模拟提供更加合理的构造模型和参数。

3）高地震烈度区人类活动诱发地震震源特征及其识别

采用震源参数、矩张量解及震源频谱分析等多种地震学方法，结合地震活动性特征等，研究人类活动诱发地震的震源特征，并与周围区域浅源构造地震的震源特征进行对比，提取高地震烈度区识别人类活动诱发地震的参数和方法。

4）库区或页岩气开采区背景应力场及应力变化监测

开展库区或页岩气开采区关键部位多点位高精度应力分期测量，结合研究区大小地震的震源机制解、剪切波分裂分析等方法，获得研究区背景应力场并监测其变化的时空演化过程。研究水库蓄水前后或页岩气开采过程中研究区应力场的可能变化，以及研究区应力场与研究区断裂构造及人类活动诱发地震断错的关系。

5）定量计算水库蓄水或页岩气开采造成的研究区介质和断层的应力变化

鉴于库区或页岩气开采区的精细地质构造模型、岩层和断层参数、扩散系数等对计算结果有较大影响，需要在上述工作基础上建立更加符合研究区实际的物理构造模型；研究定量计算蓄水或页岩气开采引起研究区应力场变化的时空演化过程（正应力、剪应力、孔隙压、库伦应力）的数值模拟方法，为确定潜在较大人类活动诱发地震震源区提供依据，探讨可能的诱发地震发生机制、发生条件及预测方法。

国际上页岩气开采与地震活动情况

全球页岩气开采过程中，由于流体参与而导致诱发地震活动的情况主要有两种，一是页岩气开采中的水力压裂活动，二是使用的工业废液向废井中回注。据截至 2018 年美国、加拿大、欧洲等国家和地区页岩气开采和深井回注诱发地震的科学研究和分析结果，就全球范围来讲，无论是页岩气开采水力压裂还是工业废液回注，多数地区没有报道过有感或破坏性诱发地震活动，也尚未发现注水压裂后地震强度超过本地区历史最大天然地震（天花板地震）的案例。美国北达科他州和加拿大萨斯喀彻温省的 Bakken 组页岩气开采区有很多废水处理井并向地下注入了大量的流体，但是地震活动次数却没有出现同步增强变化。

有些地区水力压裂作业诱发地震活动明显，诱发地震最大震级因地区差异而不同，目前确定的最大震级为 4.4 级。页岩气开采作业导致的诱发地震活动存在以下特征：压裂开始后，开采区小震活动出现显著增强，地震活动增强的时间与水力压裂开采作业关系密切，地震在开采井附近 1 km 左右范围内丛集，压裂作业停止数月内，地震活动也停止。

废液深井回注诱发地震震级比水力压裂诱发地震震级大，目前最大的废水回注诱发地震是 2016 年 9 月 3 日美国俄克拉荷马地区发生的 5.8 级地震。深井回注导致的诱发地震活动存在以下特征：井口附近地震活动出现显著增强，增强的小震活动集中在距离井口 20 km 范围左右，深度超过注水井的深度，可达 10 km，前期的小震活动与注水过程可同步发生，其中的最大地震可在注水后数月或数十年内发生，且与附近的断层（或隐伏断层）有关。

为防止更大潜在灾害地震的发生，目前美国俄克拉荷马州、俄亥俄州扬斯敦市及加拿大亚伯达省、瑞士巴塞尔等页岩气开采地区启用了交通信号灯系统（traffic light system），依托良好的地震活动监测能力，通过设定地震活动阈值来控制注水速率或注水压力，降低诱发地震风险。一旦超过了红灯水平阈值，停止压裂和废液回注。当地震活动增强时，进一步暂停注水活动。

地震科学实验场要围绕人类活动与中小地震的关系开展以下四个方面的研究：

一是重新对四川盆地及其他南方地区页岩气开发实验区的活动断层进行重新评估。过去页岩气开采原则上在断层附近不打井，在离断层 1.5 km~2 km 附近也没有页岩气，断层附近页岩气不容易聚集。近期地震科学实验场内的页岩气开采区域发生了地震，重新评估有利于下一步页岩气工作。

二是在页岩气压裂阶段增加地震活动监测。目前页岩气压裂阶段只有短时间监测，地震震级一般都是 −1 级到 −2 级。但是压裂阶段是否对附近断层有影响，需要进一步评价。

三是建议在油气工业部门的废井里下光纤，进行永久性的光纤监测。

四是建议今后将油气开发与地震等相关性研究内容也列入国家油气重大专项研究中。地震局、科学院等单位可参与相关研究。

参考文献：

Ellsworth W. L.. Injection-induced earthquakes. *Science*，2013，341：142–149.

Gillian R. Foulgera, Miles P. Wilsona, Jon G. Gluyasa, Bruce R. Juliana, Richard J. Daviesb. Global review of human-induced earthquakes. *Earth-Science Review*，2018：438–514.

Grigoli F., S. Cesca, E. Priolo, A. P. Rinaldi, J. F. Clinton, T. A. Stabile, B. Dost, M. G. Fernandez, S. Wiemer, T. Dahm. Current challenges in monitoring, discrimination, and management of induced seismicity related to underground industrial activities: A European perspective. *Rev. Geophys.*，2017，55：310–340，doi：10.1002/ 2016RG000542.

6. 作为概率预测输入的统计地震学参数

科学问题：

现代精密仪器和密集台网观测能使我们积累丰富的地震尤其是微小地震资料。地震活动，尤其是小震活动，直接反映了地下应力应变场、物性结构和活动断裂的动态变化。理解地震活动图像及其形成机制，反过来能促进对地下应力应变场、物性结构和活动断裂状态的了解，能够为强震活动提供高概率增益的预测。统计地震学的一个主要工作是开发描述地震活动图像的统计模型和相应的统计推断技术，来了解地震发生的物理机制和进行更好的概率预测。统计地震学的另一个任务是处理地震观测数据中的不确定性，如误差和数据缺失。地球物理反演中，由于观测数据相对于模型经常是一个欠定性和超定性同时存在的方程，统计分析中贝叶斯反演就发挥着不可缺少的作用。

和传统物理方法不一样的是，统计地震学研究的出发点是先假定地震活动是完全随机的，然后通过统计检验方法，找出地震活动和完全随机的现象之间最大的区别之处。这个区别之处就是地震活动中的可预测成分。通过统计建模，把这个可预测成分放进一个模型中，而将其他成分当作完全随机的。通过对比新模型和实际地震活动的不同之处，找出新的地震活动中的可预测成分并放进模型中去。如此不断地改进模型，以期能预测未来地震活动中更多的成分。这个过程不仅要求我们理解地震发生的物理过程，包括地震孕育过程、地震破裂过程和地震之间的相互作用，也需要发展基于观测数据来检验各种物理假说的统计方法。

统计地震学在过去四十多年中取得了很多进展。其中之一就是引入条件强度的数学形式作为概率模型的基本形式，也就是在给定过去观测结果的条件下，估计未来地震发生的概率。条件强度模型的优势之一就是能够在概率增益的框架下直接对模型进行预报效能评测。这些模型包括预测长期地震活动用的更新模型（包括 brownian passage time 模型）、应力释放模型（耦合应力释放模型和高维应力释放模型）、预测短期地震活动和分析现代地震目录用的 ETAS 模型。尤其是 ETAS 模型，它已经取代了泊松模型，成为检验各种有关短期内地震成丛活动假说的基准模型（零假设）。现在的统计地震学已经成为美国南加州地震中心 CSEP 项目和加州概率工作组 UCERF3 项目的理论基础。

随着观测技术的快速发展，我们取得了更多的观测数据，如 GNSS 观测得到的地表形变、InSAR 观测得到的同震位移、电离层观测数据等。大量的观测数据使得地球物理也进入大数据时代。同样，地震本身也包含了慢地震、tremor 和超低频地震等概念。这些新观测为理解地震活动和地震物理提供了更多的可能途径。要使用这些数据，就要发展新方法和新模型，以便更有效地分析这些数据，以及它们和地震活动、构造活动的联系。

统计地震学可以在本实验场中以下几个方面发挥不可取代的作用：

（1）数据质量控制。包括地震目录完备性分析和补全。

（2）地震活动分析。基于 ETAS 模型和 rate-and-state friction law 的微震分析。

（3）地震前兆的检验和预测模型的构建。

（4）地震数据和其他地球物理及地球化学数据同化。

技术手段：

（1）中长期地震活动预测模型（见图 4.11）

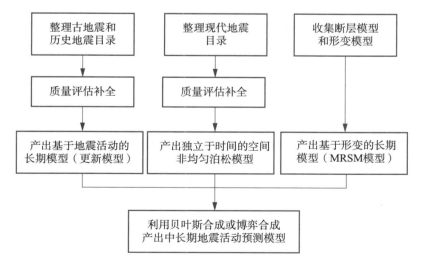

图 4.11　中长期地震活动预测模型

（2）短期地震活动预测模型（见图 4.12）

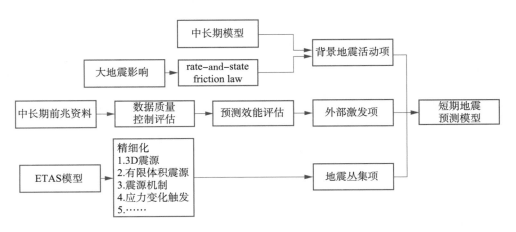

图 4.12　短期地震活动预测模型

现有基础：

（1）古地震目录和历史地震目录

已经对实验场区域内的活动断裂构造进行了广泛的地震地质调查，积累了大量的古地震和断层位移资料。这一区域也有丰富的历史地震目录。由于种种限制，这些数据不确定性很大，尤其含有各种缺失情况。

（2）现代地震目录

实验场区域内大量大动态宽频地震仪的投放，能够观测到更多更小的地震。微地震可提供丰富的地下信息。但是不可忽略的是，受台站位置分布影响，各个地点的地震目录的完备性是不一样的。

（3）前兆观测资料

除了地震活动外，分析地震观测数据能够给出地下介质各个参数的时空间变化，如波速、各向异性、衰减因子等。实验场区域内开展了各种地球物理和地球化学观测，包括形变、重力、地下流体以及卫星和 InSAR 等。

工作重点：

（1）地震目录的质量控制和评估。利用统计地震学方法对数据误差及其缺失状况进行分析，同时分析所引起的不确定性给应用这些数据带来的影响。

（2）缺失地震的补全。Zhuang 等[1][2] 提出了基于双尺度概率积分变换的地震缺失数据的补全方法，Ogata 等 [3] 提出 Bayes 方法。这些方法都可以用来补全地震目录，建立数据

① Zhuang J., Y. Ogata, T. Wang. Data completeness of the Kumamoto earthquake sequence in the JMA catalog and its influence on the estimation of the ETAS parameters. *Earth, Planets and Space*, 2017，69：36. doi：10.1186/s40623-017-0614-6.

② Zhuang J., T. Wang, K. Kiyosugi. Detection and replenishment of missing data in marked point processes. *Statistica Sinica*. 2019，doi：10.5705/ss.202017.0403.

③ Ogata Y., Katsura K.. Analysis of temporal and spatial heterogeneity of magnitude frequency distribution inferred from earthquake catalogues. *Geophysical Journal International*, 1993，113：727-738.

库，以供其他数据分析及地震活动预测工作使用。

（3）不同尺度上地震活动的定量化研究，地震活动的统计分析。统计模型是分析地震目录的有力工具。

对于长期地震活动，主要利用时空间应力释放模型，结合应力触发和转移，分析各个活动断层上的地震活动参数和未来危险性。

对于短期地震活动，主要利用 ETAS 模型的现有各种版本，包括 2D 点震源 ETAS、3D 点震源 ETAS 对实验场地区的地震进行分析。主要任务包括：

① 将背景地震从整体地震中有效分离出来，给出背景地震的 3D 空间内的精细分布。通过分析背景地震活动以期了解大范围区域应力场动态变化。

② 分析地震丛集事件之间的触发关系，研究表征地震触发行为的各个参数的时空间变化。

③ 结合 rate-and-state-dependent friction law，解释因大地震引起的大范围应力变化而引起的地震活动偏离 ETAS 模型标准行为的地方。

（4）结合经验预报中已有的评价，基于 Molchan 误差图和 ROC 曲线技术，对各个前兆物理量的预测效能进行科学评价，同时优化预报参数。然后根据优化结果，以 ETAS 模型为底本，构建基于每个前兆物理量的地震活动的预测点过程模型。最后选择出预测效果较好的物理量，完成合成模型。因为地震丛集行为是地震活动中最大的可预测成分，新的模型应以 ETAS 模型为基础。

工作计划：

（1）随机补全地震目录，尤其是余震序列中早期缺失的小余震。

（2）基于随机除丛法的背景地震目录和丛集地震目录，给出实验场地区各个地震活动参数的时空分布及其与区域应力变化的关系。

（3）基于长期地震活动模型，给出未来实验场地区的大震发生动态概率。

（4）基于短期地震活动模型，给出未来实验场地区的地震活动发生的动态概率。

（5）给出能服务于地震会商的基于前兆的地震概率预测模型。

阶段性目标：

（1）实现具有高增益的长中短期各个时间尺度上地震活动的动态概率预报，服务于地震减灾各个方面。尤其是实时地震预测，是一项需要集缺失地震补缺、预测自动化、贝叶斯预测于一体的技术。

（2）通过对数据质量的详细评测，为提高数据观测质量、改进观测台网提供信息和依据。

（3）地震数据和其他地球物理数据的同化工作，能实现通过客观地借鉴不同类型的资料，对各个子学科的结果进行解释和修正，消除矛盾之处。

进度安排：

前期工作：地震目录及前兆资料的数据质量评估和控制。

中前期工作：

（1）构建基于古地震、历史地震目录、大地形变和活断层分布的长期地震活动模型。

（2）基于现代地震随机模型（ETAS 模型）的地震活动的定量化研究。

（3）地震前兆的统计检验、预测参数优化工作。

中后期工作：

（1）长期地震活动模型的合成。

（2）地震活动数据的定量化分析结果输出。

（3）各个地震前兆建模研究、效能评测。

后期工作：基于数据同化的合成地震的预测模型。

7. 地震动力学概率预测模型

汇集研究区内所有与地震相关的资料和信息，通过概率模型将其集成为对地震事件具有物理意义的综合认识，并能够通过概率模型对未来地震进行一定程度的预测，该模型可称为地震动力学概率预测模型。依据现有实际工作基础、研究进展和风险分析需求，该部分工作包括：基于统计学的地震概率预测、基于科学模型的概率预测、数值地震预报、基于破裂模型的强地面运动数值预测。

科学问题：

川滇地区可视为一个内部结构复杂的动力孕震系统，在边界和深部动力作用下，系统内部的应变不断地发生着时间上的演变和空间上的迁移，并且在系统的特定部位发生应力应变积累和释放，从而形成地震。如果能够通过对川滇地区的活动断裂调查、地壳精细结构探测、地震监测、地形变与其他地球物理场观测而构建出地震孕育和发生的动力学模型，在给定的边界条件下就可以对系统的应变积累和释放过程及其所导致的地球物理场变化进行模拟，从而理解强震孕育和发生的动力学过程，达到基于物理过程对强震进行预测的目的。

基于科学模型的强震概率预测模型的目标是获得可更新的、时间相关的地震发生概率。对地震概率的估计将依据各相关学科对地震孕育和发生的物理过程的认识。这种认识既包括观测现象和数据，也包括理论研究提出的物理机制。

技术手段：

由于观测资料的限制，参考美国南加州地区的研究进展，提出了近期、中期和长期三种地震动力学概率预测的路线图。在近期尚未建立完善断层模型的情况下，主要根据地震地质、大地测量和地震活动资料，参考 Ward（1994 年）的工作进行预测（见图4.13）；在中期建立了完善的断层模型后，根据断层模型、变形模型、地震发生率模型和概率模型，参考统一的美国加州地震破裂预测模型 UCERF3（WGCEP，2014 年）进行预测（见图 4.14）；在考虑地块 – 断层模型的长期规划中，建立由几何模型、变形模型、破裂模型和概率模型组成的适合川滇地区的地震动力学概率预测模型（见图 4.15）。

现有基础：

基于科学模型的强震概率预测以测震学、活动构造、测地学和古地震、历史地震为基础资料和数据。所有可能反映发震构造结构、地壳运动变形和地震历史的资料和数据均可用于计算和评估。

工作重点：

模型主要由两部分组成，首先计算研究区不同震级地震的长期发生率，即各分区的震级－频度关系，然后根据地震发生的时间分布特征给出地震的泊松概率和非泊松概率。

预测地震长期发生率的基本原理是弹性回跳或能量守恒。假设由于地壳变形，能量在震间积累，其中一定比例的能量将最终以地震的形式得以释放，地震的发生率必将受到能量积累速率的约束。根据观测资料的丰富程度，可以使用不同方法计算地震的长期发生率。由于中国大陆构造的复杂性，在进行地震动力学概率预测时，还要考虑地块的因素，建立断层－地块模型。通过联合反演获得断层或地块的变形速率，并根据地震矩速率平衡关系，获得地震长期发生率。

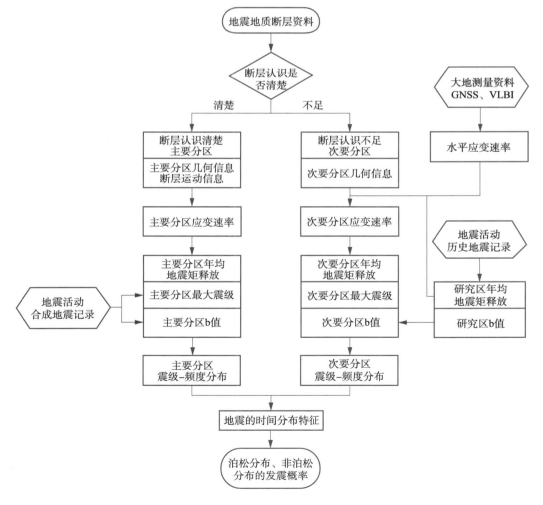

图 4.13　未建立断层模型时的地震动力学概率预测流程

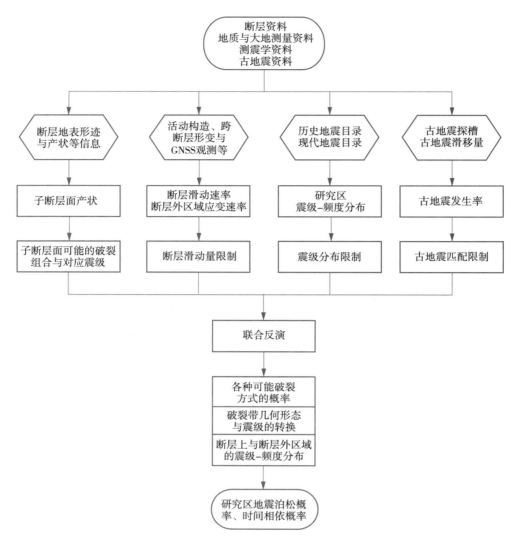

图 4.14 建立断层模型后的地震动力学概率预测流程

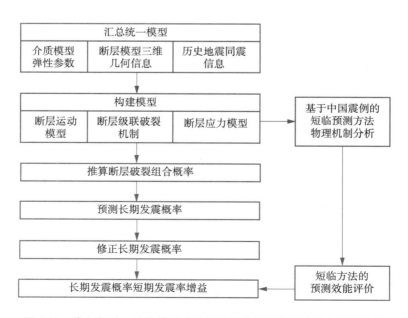

图 4.15 建立断层 – 地块模型后的基于科学模型的强震概率预测流程

　　以获得的地震长期发生率为约束，以随机模型为基础，通过分析古地震、历史地震获得地震复发的时间相关特征，确定随机模型的时间相关参数。用参数化的随机模型计算评估未来特定时间段内地震的发生概率。随机模型是对真实地震过程的简化描述，对于特定的研究地区和对象，随机模型本身存在适用性的问题，不同模型评价的地震发生概率也不尽相同。通过综合概率预测和专家意见等方法，综合判断地震概率并估计相应的主观不确定性。

　　工作计划：

　　由于对地震发生过程缺乏统一认识，且观测资料存在误差，有必要采用 UCERF 中的"逻辑树"机制来表示这些不确定性，即在进行联合反演时给出各种可能的参数组合并赋予不同的权重，将各种参数组合的反演结果与观测资料进行对比，根据二者匹配程度对结果的质量进行评价，然后根据权重计算最终结果。

　　基于科学模型的强震概率预测模型涉及的数据和方法更新均可能带来结果的变化。比如断层结构的更新，可能对应了形变速率的变化，从而改变对地震长期发生率的估计；地震活动性的变化可能反映了震级频率关系的起伏，相应的地震概率也可能发生变化。

　　要获得更新的结果，以一定时间段为工作周期，汇总更新的数据或资料，完善更新已有模型，重新计算和评估。

　　对比更新前后的结果，分析数据更新对地震发生概率评价的影响，可为判断下一步需加强的工作方向提供依据。

　　阶段性目标：

　　基于科学模型的强震概率预测模型可为地震灾害概率分析提供支持，为强地面运动模型提供破裂的位置、规模和时间等信息。

　　进度安排：

　　地震动力学概率预测属于综合的预测方法，除了方法本身的研究外，对数据有较高的需求，因此，考虑观测数据的丰富程度，建立了如下的发展规划。

　　在未来一年内实现根据地震地质、大地测量和地震活动资料的地震概率预测（Ward，1994 年），同时丰富观测资料，建立相关模型，并确定断层分段信息等地震概率预测中使用的常数。

　　在未来三年内根据观测资料建立断层模型和变形模型，学习 UCERF3 使用的方法，实现根据断层模型、变形模型、地震发生率模型和概率模型的地震概率预测（WGCEP，2014 年）。

在未来十年内建立地块－断层模型，实现由几何模型、变形模型、破裂模型和概率模型组成的适合川滇地区的地震动力学概率预测模型，同时搜集基于物理的概率预测方法，将其应用于实验场。

8. 地震断层破裂过程预测模型

科学问题：

地震断层破裂从发生、传播到终止是一个极其复杂的非线性物理过程。地震断层破裂动力学模拟是研究震源物理过程的有效工具，可以对大量复杂条件的破裂过程进行仿真计算，研究和理解影响断层破裂行为的关键因素，深化对地震发生过程和强地面运动激发机理的认识。地震断层自发破裂动力学模拟也为"设定地震"强地面运动定量模拟提供了具有物理意义的震源破裂过程。对于"设定地震"的强地面运动定量模拟来说，因为地震尚未发生，无法利用地震资料反演的方法确定震源破裂过程。因此如何合理地确定"设定地震"的震源破裂过程，既是科学难题也是技术难题，地震断层自发破裂动力学模拟是解决这一难题的有效手段。

技术手段：

地震断层破裂过程预测模型采用先进、高效的数值方法，基于给定的三维速度结构、断层几何形态和初始应力状态，依据摩擦准则，计算地震断层的动态非线性破裂过程。

现有基础：

地震断层破裂过程需要地下结构模型、断层结构模型和地下应力模型，其中断层结构模型最为关键。实验场区域的活动断裂和主干断裂已有大量相关研究，可能发震断层基本确定，但断层的深部范围和形态存在一定的不确定性，亟需构建高精度的实验场统一断层模型。实验场将发展的统一结构模型、统一断层模型和应力模型，为地震断层破裂过程预测提供必要的输入信息。

工作重点：

发展适用于具有复杂断层体系和起伏剧烈地形的大陆型强震地区的地震断层动态破裂模拟方法；发展包含断裂带塑性变形、非线性传播效应、含有空隙流体等更接近真实情况的地震断层动态破裂模拟方法；对实验场区域开展全面的地震断层动态破裂预测研究，为全区强地面运动预测提供具有科学依据的震源信息；开展南北地震带复杂断层体系动态破裂相互影响研究，分析该区域影响地震断层破裂行为的关键因素。

工作计划：

（1）支持针对实验场区的地震断层破裂模拟算法研究

鼓励全国和全球地震科学研究人员针对实验场特定地震和地质条件发展地震断层破

裂模拟算法，发展适合南北地震带复杂断层体系的地震断层动态破裂模拟算法。

（2）促进不同地震断层动态破裂模拟算法的交叉验证和发展

号召相关研究人员成立地震断层动态破裂预测评估和验证工作组，开展不同地震断层动态破裂模拟算法交叉验证，促进地震断层动态破裂模拟算法的成熟和稳定发展。

（3）针对重点断裂开展详细的地震断层动态破裂预测研究

建立重点断裂带的精细结构，开展地震断层动态破裂预测研究，分析重点断裂带可能的破裂模式和关键影响因素，分析相关模拟参数不确定性对模拟结果的影响。

（4）在实验场开展全面的地震断层动态破裂预测研究

在实验场开展系统的地震断层动态破裂预测研究，为开展全区域强地面运动预测和概率地震危险性分析提供具有科学意义的震源模型。

阶段性目标：

（1）发展出适用于具有复杂断层体系和起伏剧烈地形的大陆型强震地区的地震断层动态破裂模拟方法。

（2）获得重点断裂带可能的破裂模式和关键影响因素的认识。

（3）产出实验场区域内所有可能的破裂断层的破裂模式，为分析地震灾害和进行强地面运动预测提供基础数据。

进度安排：

在未来一年重点发展适用于具有复杂断层体系和起伏剧烈地形的大陆型强震地区的地震断层动态破裂模拟方法；在未来三年内开展重点断裂带可能的破裂模式和关键影响因素研究；在未来五年内完成针对全区域的所有可能的破裂断层的破裂预测；在未来十年内持续发展更准确、高效的地震断层动态破裂模拟方法，随同实验场统一结构模型、统一断层模型和应力模型的更新，更新地震断层破裂预测结果。

（三）韧性城乡

1. 强地面运动预测模型

科学问题：

地震断层破裂激发的地震波在地下结构中传播，最后到达地表产生强地面运动。如果能够提前探测出地下地质构造和场地条件，则可以通过大规模高性能计算技术模拟地震波传播过程，预测出地震断层破裂激发的地震波在地表造成的强地面运动时程，可为抗震设防和救援演练提供所需要的地震动信息，是地震科学研究连接工程抗震的纽带，是全链条地震灾害风险管理的关键一环，也是实现"以防为主"抗震救灾策略的重要举措。强地面运动模拟也可以补充地震动衰减关系观测数据的缺失，为地震动区划和概率地震危险分析提供关键数据。

技术手段：

强地面运动预测以统一结构模型（包括断层模型、速度结构模型、衰减结构模型）为输入，直接耦合地震断层动力学模拟，或以地震断层破裂过程动力学模拟结果为震源，采用大规模地震波传播数值模拟方法和高性能计算技术，在高性能计算平台上模拟地震波在包含粘弹性、各向异性、场地非线性、起伏地形等与实际地质情况相一致的地下结构中的传播过程，产出地表宽频带地震动时程图和峰值分布图，服务于工程抗震设计、地震灾害演练、地震区划和地震风险概率分析等工作（见图4.16）。

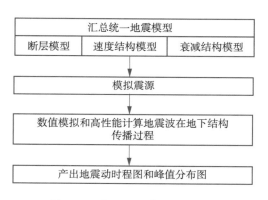

图 4.16 强地面运动预测流程图

现有基础：

强地面运动模拟预测需要高精度的区域地下结构模型和断层模型。针对中国地震实验场所在区域南北地震带已经有很多局部尺度的高精度结构研究，以及覆盖南北地震带但分辨率较低的大尺度结构研究，亟需构建高精度的实验场统一结构模型。实验场区域的活动断裂和主干断裂已有大量相关研究，可能发震断层基本确定，但断层的深部范围和形态存在一定的不确定性，亟需构建高精度的实验场统一断层模型。实验场目前的结构模型和断层信息已经具备开展强地面运动预测的基础，亟需对当前结构模型和断层模型能够准确预测的强地面运动频率成分进行评估，为下一步统一结构模型和断层模型的发展提出更明确的目标。

强地面运动模拟技术最终能够成为南北地震带地震灾害预测的有效方法，需要做到地震发生前预测的强地面运动与地震发生后实际观测的强地面运动基本一致。这需要大量的强震观测数据和测震数据对强地面运动模拟方法和相关输入信息进行校验和验证。实验场已经具备比较好的观测基础，而且实验场内地震发生较为频繁，具备强地面运动模拟结果验证的基础，是验证强地面运动预测可行性的最佳实验场地。

强地面运动预测研究的另外一个关键因素是具备合适的方法和软件。我国地震科学研究者已经发展了与我国地质条件相适应的起伏地形地震波模拟算法和大规模有限元地震波模拟算法，并在汶川地震、玉树地震等强地面运动模拟中成功应用。已发展的强地面运动模拟算法已经考虑弹性和粘弹性介质，尚未考虑场地非线性效应、断层带塑性变形效应等，需要继续发展考虑更多实际地球介质复杂效应的模拟算法，应用高性能计算技术持续提高模拟能力。

工作重点：

发展适用于具有内部复杂结构和起伏剧烈地形的大陆型强震地区的强地面运动定量模拟方法；研究复杂断层体系相互影响的强地面运动定量预测方法；发展包含弹性、粘弹性、塑性、非线性、各向异性、多相介质等真实地球介质效应的强地面运动模拟算法；发展地震触发、破裂、传播、场地效应一体化的全过程、多尺度强地面运动模拟算法。

不断提高统一结构模型的精度和统一断层模型的精度，进而提高强地面运动预测可靠部分的频率上限；采用先进模拟方法、高性能计算技术和超算平台不断提高强地面运动模拟的频率上限，实现建设抗震设计所需要的宽频带地震动模拟；发展实时和准实时强地面运动模拟方法和系统，实现强震强地面运动和烈度实时预测，为抗震减灾提供关键信息。

研究强地面运动定量预测方法对大陆型强震预测的可靠程度；发展大陆型强震强地面运动预测评估和验证方法，实现可验证的强地面运动预测技术体系。

对实验场区域开展全面的强地面运动模拟预测，实现地震灾害的预测和设防，增强我国防震减灾能力；与地震概率预测相结合，实现基于强地面运动定量模拟的概率地震危险性分析，为建筑规划提供更准确的地震动区划信息；与工程地震相结合，为重大工程抗震设计提供具有物理意义的地震动时程，为实现"从地震破裂过程到工程结构响应"全链条的地震灾害预测奠定基础。

工作计划：

（1）支持针对实验场区的强地面运动模拟算法研究和高性能计算研究

鼓励全国和全球地震科学研究人员针对实验场特定地震和地质条件发展强地面运动模拟算法和高性能模拟技术，推动实验场强地面运动模拟研究包含越来越多的复杂介质效应和越来越贴近真实情况的传播效应，实现更宽频带的强地面运动模拟，通过实验场培育国际领先的强地面运动模拟算法。

（2）开展强地面运动模拟方法相互验证

号召相关研究人员成立强地面运动预测评估和验证工作组，开展强地面运动模拟算法的交叉验证，最终发展出可与实际强地面运动记录匹配的强地面运动预测技术，促进可验证的强地面运动预测技术体系发展。

（3）开展全面的强地面运动模拟预测研究

在实验场开展强地面运动预测研究和实验，采用先重点断层、重点区域，再实现整个区域的强地面运动模拟预测；通过实验场内频发的地震，验证强地面运动预测的可靠性和可能存在的问题，提高预测的准确性。

（4）动态提高实验场区强地面运动预测准确性和频率上限

采用实验场统一结构模型和统一断层模型开展强地面运动预测，对预测的强地面运动进行评估，对统一结构模型和统一断层模型的精度和准确性进行评估，分析现有模型的不足，为统一结构模型和统一断层模型的发展提出明确的需求；随统一结构模型和统一断层模型的更新，逐步提高强地面运动预测准确性和预测结果的频率上限，最终实现宽频带强地面运动模拟。

（5）鼓励强地面运动预测新方法、新技术开发和应用

此外，实验场应该鼓励强地面运动预测新方法、新技术的发展，成为强地面运动预测技术的创新源头和实验场地。

阶段性目标：

（1）发展出适用于具有内部复杂结构和起伏剧烈地形的大陆型强震地区的强地面运动定量模拟方法。

（2）发展出可验证的强地面运动预测技术体系。

（3）在实验场区域开展全面的强地面运动模拟预测，给出基于强地面运动定量模拟的概率地震危险性分析结果。

（4）随统一结构模型和统一断层模型更新，给出更准确、更宽频带的强场面运动预测结果。

（5）实现"从地震破裂过程到工程结构响应"全链条的地震灾害预测。

进度安排：

（1）10年内阶段目标

评估现有结构模型、断层模型能够准确预测的强地面运动频率成分；评估统一结构模型、统一断层模型能够准确预测的强地面运动频率成分；分析给出强地面运动预测技术在大陆型强震区域的适用性。

发展强地面运动模拟先进算法和高性能计算方法，实现与工程地震需求相一致的宽频带强地面运动预测。

开展全面的强地面运动模拟预测研究，给出重点断层设定地震强地面运动预测结果，给出整个区域基于强地面运动定量模拟的概率地震危险性分析结果。

（2）优先发展方向

发展适用于具有内部复杂结构和起伏剧烈地形的大陆型强震地区的强地面运动定量模拟方法；发展大陆型强震强地面运动预测评估和验证方法，实现可验证的强地面运动预测技术体系；开展强地面运动预测研究，实现地震三要素预报到地震灾害预报的转变。

2. 复杂场地地震动作用模型

科学问题：

岩土体是地震工程中最基本的承载体及最重要的承灾体，目前主要的实验研究手段包括现场测试、室内实验、模型实验、数值模拟。限于现场条件，这四种手段各有不足：现场的地球物理实验大部分是岩土体动力特性的间接实验，对地震过程中岩土介质实时的物理性质的动态变化解构还有待深入；室内实验对场地原状岩土体的应力应变状态模拟不清晰，实验结果需要重新与现场结果进行拟合分析，拟合过程中精度损失较大；模型实验和数值模拟方法存在着参数选取偏差较大、建模分析成果与实际记录差距较大等问题。这就迫切需要一个功能先进的、体系完善的地震工程野外实验场开展野外实地测试来比对室内外实验成果，精准提供数值模拟建模参数，为相关研究提供更可靠的数据来源与技术支持。

目前，场地局部特征对地震动的影响规律尚缺乏可靠的模拟与分析，复杂场地和城市工程环境强地震动场的研究一直进展有限，复杂场地强震动记录不足，只能通过数值模拟方法来模拟地震波的传播、局部场地效应等并基于此来建立复杂场地的强地震动场，对地震动从岩土体到结构的传导机制有待深入研究。对复杂场地地震动作用而言，野外地震工程实验场重点解决的科学问题有：

（1）局部场地条件对地震动幅值、频谱及持时的影响，局部地形剧烈变化时地震动的分布特征。

（2）城市复杂场地和工程环境强地震动场及其时空分布规律。

（3）地震土体液化的实时响应，厚覆盖层液化场地强震动分布特征，基于地震动记录的液化实时判别方法。

（4）场地－地基－基础耦合地震响应分析：将岩土体与结构物的地震响应紧密结合起来，实现联动分析。

（5）复杂场地地震动非线性分析方法。

技术手段：

选择典型及复杂场地进行钻探，建立强地震动观测台阵集群，包括：三维场地影响强震动台阵、厚覆盖层深井强震动台阵、液化场地台阵、复杂地形影响台阵等，获取强震动作用下场地－地基－基础－工程结构地震动变化规律，研究复杂场地和工程环境强地震动场及其时空分布规律。

（1）大震下浅地表覆盖层对地震动的影响。历次大地震中都出现了基岩上覆盖土层放大了震动强度导致场地震害严重的现象。各类场地中，浅地表土层尤其是近地表 10 m 范围内土层的地震动放大效应尤为明显。特别是对深软覆盖层场地，国际上流行的 SHAKE 2000 和 DEEPSOIL 方法的地表输出加速度反应谱"矮粗胖"现象非常严重，这与观测资料中软土场地具有普遍放大效应的事实大相径庭，大震作用下浅地表土层对场地地震反应的影响分析仍然是一个国际难题，有待解决。

（2）地形效应对地震动的影响。地形效应剧烈变化时，场地的地震动变化规律仍然不明确，其本质是复杂地形对地震波传播的影响，尤其是盆地、丘陵、高山等地带，这些地区很多是地震多发地带。解决这一问题有待于野外数据的支持，以及深化地震波传播机理的认识。

（3）地震土体液化的实时响应。液化现象多为发震后在现场观察到的，但此时土体内部的空隙水压力开始消散或已经消散，现场勘察结果存在滞后性。虽仍然可用室内实验对液化进行模拟，但地震现场液化过程中土体内部应力、应变、位移、变形、孔隙水压力、水体动力路径等特征目前仍不明晰。成层土体的液化实时响应特征还需要现场数据的进一步支持。

（4）场地－地基－基础耦合原位地震响应。在现有设计与研究中，场地－地基－基础往往被割裂为三个不同的部分，而在地震传播的过程中，现代岩土工程越来越多地将三者视为一个有机整体，三者互相联系并互相影响。其与自由场地地震响应特征还有待进一步对比，从而揭示出典型地基－基础内地震波放大、滤波等效应的传导机理，为地表以上的构筑物提供更可靠的设计基础。

（5）城市复杂场地和工程环境强地震动场及其时空分布规律。建立涉及震源机制、地震波在复杂介质中的传播、局部场地条件影响复杂场地的强地震动场。

现有基础：

几十年来，地震动的研究大多基于观测数据的统计分析，目前正逐渐从经验型向半经验半理论型方向发展。传统研究受限于观测数据不足，复杂场地和城市工程环境强地震动场的研究一直进展有限，随着基于物理的强地震动场研究的发展，有望在此方面取得较大的进展。地震动输入和控制性参数及设防标准的研究长久以来主要针对单体工程结构，无法满足城市工程系统抗震韧性评估的要求，发展能够反映城市工程功能的地震动控制性参数及设防标准是目前的趋势。

工作重点：

（1）建立强地震动观测台阵集群。

（2）研究复杂场地和工程环境强地震动场及其时空分布规律。

阶段性目标：

选择川滇典型复杂场地和工程环境，进行详细的钻探分析，更新并改进强地震动场及其时空分布规律分析方法。

进度安排：

（1）逐步建立复杂场地强地震动观测台阵集群。

（2）研究复杂场地强地震动场及其时空分布规律。

（3）提出复杂场地地震反应数值分析方法。

3. 工程地震破坏

科学问题：

土木工程领域的监测最早来自地震工程，早在 1931 年提出强地震仪研制的重要性，1932 年在美国发明了第一台强震仪并安装于洛杉矶，1933 年获得第一条地震动记录，由此开启了现代地震工程的研究。虽然地震动的监测起步较早，但对工程结构大规模监测研究起始于 20 世纪 80 年代末至 90 年代初，即结构健康监测，该技术是在基础设施上布设大规模、多种类传感器，以及数据采集、数据传输、数据管理和数据分析与预警系统，实时感知、识别、诊断、评估结构的损伤与安全状态及其演化规律，仿生人类的自感知与自诊断智能功能。

结构动力特征、结构震害机理、结构地震反应的模拟是地震工程学研究的基本内容，抗震实验是研究材料、构件、结构体系抗震相关性能及其影响因素的基本途径之一，实验室模拟和振动台实验还难以全面把握真实原型结构的地震破坏规律，完全真实的地震作用只能在真实的地震现场发生。在重大结构和典型结构上设置强震动观测台阵，研究和验证真实结构在实际地震作用下的模态参数、抗震性能、破坏机理，已引起各国的普遍重视。

工程地震破坏的主要科学问题包括：工程的地震动输入方法及控制性地震动参数；

不同类型结构地震破坏与成灾机理，非结构构件地震损伤机理；工程结构健康实时诊断和损伤识别方法；工程振动控制及减震隔震比对；新型可恢复功能抗震结构体系。

技术手段：

结构地震反应强震动观测台阵集群。在典型学校、医院、农居、住宅、工业建筑及基础设施上布设结构地震反应强震动观测台阵集群，包括：砖混结构、框架结构、框剪结构、核心筒结构及钢结构等典型结构台阵，非结构系统观测台阵，地基－基础－结构相互作用台阵，获取真实结构在真实地震下的地震动记录，总结破坏特点，推演破坏机理。利用原型结构实际振动记录，进而研究：

（1）工程的地震动输入方法及控制性地震动参数。根据原型实验数据确定合理的地震动输入方法及控制性地震动参数。

（2）不同类型结构和非结构地震破坏与成灾机理。

（3）工程振动控制及减震隔震比对。

（4）工程结构健康实时诊断和损伤识别方法。

（5）验证汶川地震中总结的有关结构抗震能力的正反两方面经验教训，比如地震内力凝聚效应与倒塌的关系等。

工作重点：

（1）建立结构地震反应观测台阵集群。

（2）确定工程的地震动输入方法及控制性地震动参数。

（3）研究结构地震破坏与成灾机理及震动控制。

（4）提出工程结构健康实时诊断和损伤识别方法。

阶段性目标：

获取典型真实结构在实际地震作用下的地震动记录，并改进现有工程抗震设计方法，指导工程韧性设计方法。

进度安排：

（1）逐步建设结构地震反应强震动观测台阵集群。

（2）分析真实结构在真实地震下的地震动规律及地震反应。

（3）改进现有工程抗震设计方法，指导工程韧性设计方法。

4. 重大工程和生命线工程地震灾害风险

科学问题：

生命线工程系统是维系现代城市功能与区域经济功能的基础性工程设施系统，一般包括城市供水、燃气、电力、交通、通信等。它们多以网络形式存在，空间上覆盖很大的区域范围；以结构体系为客观载体，不同类型生命线工程功能上往往具有耦联性。重大工程和生命线工程如果出现地震破坏，会造成严重的或系统性的次生灾害，对社会影响和冲击大，危害性大，损失严重。

选择梯级水电、长大隧道、长大桥梁及典型重大工程和生命线工程，布设强震动观测台阵，获取不同地震作用下的模态参数、抗震性能、破坏机理和破坏特征。

重大工程和生命线工程地震灾害风险方面要解决的科学问题主要包括：

（1）重大工程和生命线工程地震致灾机理及功能失效风险。

（2）重大工程和生命线工程地震紧急处置技术。

（3）重大工程结构地震动力响应分析方法与震动控制。

（4）生命线工程韧性提升。

（5）复合（相耦联）生命线系统灾害响应模拟与控制。

技术手段：

（1）重大工程及生命线系统观测台阵。基于梯级水电、长大隧道、长大桥梁及典型重大工程和生命线工程获取的结构台阵记录，研究重大工程和生命线工程抗震设计方法、重大工程和生命线工程地震损伤机理和损伤控制、重大及特殊工程健康实时诊断方法、重大工程和生命线工程的重大地震及次生灾害风险及防控、重大工程和生命线工程震后快速恢复方法、地震场空间分布对生命线系统网络体系的地震反应机理与控制措施、生命线工程结构及网络抗震可靠性分析方法、复合（相耦联）生命线系统灾害响应模拟与控制。

（2）验证并改进现有的重大工程和生命线工程抗震设计方法、次生灾害风险和震后快速恢复方法、重大工程和生命线工程地震韧性设计方法。

减隔震技术

减震是指在建筑物中设置消能部件，使地震输入到建筑物的能量一部分被消能部件所消耗，以此来减少结构地震反应，从而使主体结构构件不发生严重破坏。隔震是指在建筑物基础与上部结构之间设置一层隔震层，把上部结构与基础隔离开，隔离地面运动能量向建筑物传递，以减小建筑物的地震反应。目前我国已有各类减隔震建筑 6000 余幢，约占世界的一半，主要以橡胶隔震技术为主。消能减震技术具有构造简单、造价低廉、适用范围广、维护方便的优点，既适用于新建工程，也适用于已有建筑物的抗震加固改造；既适用于普通建筑结构，也适用于生命线工程。

减隔震技术是"韧性城乡"建设的有效手段，可在保证生命安全的基础上，实现震后的工程结构、城市乃至整个社会维持功能或快速恢复功能。目前减隔震技术在一些重大工程中得到广泛应用，如港珠澳大桥配置了特种减隔震桥梁支座；昆明长水国际机场航站楼是我国首次在高烈度地区采用隔震技术的大型建筑；北京新机场设也采用了隔震技术。

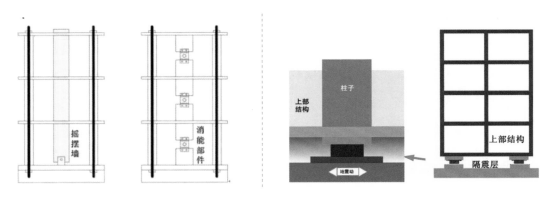

减震建筑示意图　　　　　　　　　　　　　　隔震建筑示意图

工作重点：

（1）建立典型重大工程及生命线系统观测台阵。

（2）分析重大工程及生命线工程地震反应规律。

（3）形成重大工程及生命线工程紧急处置技术。

（4）给出复合（相耦联）生命线系统灾害响应模拟与控制。

阶段性目标：

（1）分析典型重大工程、特殊工程、生命线工程地震反应及破坏分析，以及复合（相耦联）生命线系统灾害响应模拟与控制。

（2）验证并改进现有的重大工程和生命线工程抗震设计方法、次生灾害风险和震后快速恢复方法、重大工程和生命线工程地震韧性设计方法。

进度安排：

（1）逐步建设重大工程、生命线工程和特殊工程的地震反应强震动观测台阵集群。

（2）分析真实地震下的地震动规律及地震反应。

（3）改进现有工程抗震设计方法，指导工程韧性设计方法。

5. 城市地震灾害及工程韧性

科学问题：

强烈地震发生后，工程结构、城市乃至整个社会可以维持功能或快速恢复功能，这就实现了抗震韧性，以避免现代城市震后出现重建难度大、时间长、社会代价巨大的问题。2011年，美国国家研究委员会提出了"国家震后韧性"的计划，目的是提高城市和社会的震后功能韧性，这也是地震工程领域的研究热点和前沿。2017年，我国将"韧性城乡"列为"国家地震科技创新工程"四大计划之一。

选择典型城市，布设密集工程观测网络，获取震后结构震动和破坏分布，深度挖掘监测数据与工程结构地震损伤破坏和城市灾害的关联特征，发展多尺度非线性建模与动态模型修正方法，建立融合工程结构性态、社会和经济等多元信息的城市地震灾害风险及地震韧性评估系统，实现城市地震灾害风险及韧性评估的科学化、精准化和动态化。

主要科学问题包括：

（1）地震灾害链成灾机理与防御。

（2）工程结构的韧性体系与功能恢复。

（3）抗震韧性城市评价与设计。

技术手段：

（1）建立城市立体监测、数据融合和韧性态势感知体系。

（2）分析城市抗震韧性全过程建模及灾害链效应。

（3）建立抗震韧性城市的灾害应急对策与恢复策略。

（4）建立城市抗震韧性的评价体系与设计体系。

城市地震灾害风险及韧性评估模型的产出包括向公众发布相关模型和为政府决策提供支撑产品两部分，其核心部分是收集现有的城市工程基础数据，用于公众了解现阶段的进展和后续产品的发布。城市地震灾害风险及韧性评估模型本身具有"过时"的特点，随着城市工程建设的推进，新技术、新方法的不断改进，迫使评估模型升级完善，本模型的完善需要地震地质模型、强地面运动模型等的改进作为支撑。

工作重点：

（1）选择典型城市，布设密集工程综合观测网络，建立城市立体监测、数据融合和韧性态势感知体系。获取震后结构振动和破坏分布，深度挖掘监测数据与工程结构地震损伤破坏和城市灾害的关联特征。

（2）城市地震灾害风险及韧性评估模型的更新驱动包括城市工程新数据，风险及韧性评估新方法、新认识的出现以及自身结构的调整等。

阶段性目标：

（1）向公众发布产品，起到地震灾害科普作用，宣传科研最新产品。

（2）有助于从单一数据向多元数据发展，监测城市工程结构地震破坏过程。

（3）建立基于性态的城市地震风险动态评价指标体系，提供城市工程系统地震风险评估报告。

（4）提供单体建筑、建筑群、社区单元和城市工程系统四个层次对象的韧性评价标准。

（5）核心产品为推进建筑与生命线工程基础设施系统地震保险、城市建设规划、防震减灾规划等。

（6）作为基础数据，为地震灾后救援、重建、恢复等政府工作提供支撑资料。

进度安排：

（1）10年内阶段目标

参照美国Hazus-MH的发展历程及版本更新模式，推出实验场的城市地震灾害风险及韧性评估模型V1.0版本；随着后续实验场的地震地质模型、破裂模型、地震动力学概率预测模型等工作的开展，以及城市基础数据的不断更新和新技术、新方法的发展，促使本评估模型陆续推出V1.0、V2.0和V3.0版本，该模型版本可实现对城市工程系统从地震灾害模拟到地震灾害风险监测、灾害防治乃至韧性评估的转变，为实验场的城市工程的地震灾害防治工作提供更加精准的支撑作用。

（2）优先发展方向

调研川滇地区城市的工程系统信息，基于历史上的破坏性地震资料，利用强地面运动模拟结果，对川滇地区城市工程地震灾害风险水平及城市韧性进行评估，并进一步探讨该地区城市地震灾害风险及韧性评估的影响因素、相关评估方法和标准的适用性、准确性等问题。

选定川滇地区进行模拟，优先调研现有的工程系统地震易损性模型，基于多元监测数据进一步修正监测数据与工程结构地震损伤破坏和城市韧性的关联模型，设定地震的灾害评估，与该地区已有地震资料进行对比，分析震害水平及分布特征的差异，进行模型的优化。

针对我国震情的城乡韧性"散脆偏单"评估法

我国幅员辽阔，地震多发且分散，地震灾害风险高。习近平总书记在2018年10月指示要切实摸清灾害风险底数。迄今还没有可靠的评价我国城乡综合抗震能力的方法，无法回答某具体城市或乡镇地震韧性程度如何。震害调查和实验表明，建筑结构抗震缺陷主要表现为以下四个方面，即"散""脆""偏""单"，其具体含义阐述如下。

（1）"散"主要体现在：

· 横墙间连接薄弱，构造柱缺失或不足，圈梁缺失、不足或不封闭；

· 竖向构件（墙、柱）与水平构件（梁、楼板、檩条等）连接薄弱，构造柱缺失或不足，圈梁缺失、不足或不封闭，门窗洞口两侧无构造柱；

· 砌体砌筑质量差，砂浆强度不足；

· 横墙间距过大；

· 砌筑纵墙或横墙长度超过 3 m 而无构造柱；

· 有未经专门抗震设计的圆弧状填充墙。

（2）"脆"主要体现在：

· 承重墙为生土、土坯等脆弱材料；

· 承重墙为干砌或泥结红砖；

· 存在短柱；

· 强弯弱剪、弱节点强构件；

· 有构造不良的围墙，连接不牢的吊灯、吊顶、玻璃等。

（3）"偏"主要体现在：

· 多层底商砌体房屋底层各道纵墙刚度差异超过 3 倍，易被个个击破；

· 多层框架有不当设置的半高填充墙，易因短柱的刚度大、延性差而被个个击破；

· 平面布局里出外进，比如 L、T、Y 等形状；

· 立面布局蜂瓶细腰，层间刚度分布有突变等。

（4）"单"主要体现在：

· 抗侧防线单一，缺少冗余备份，如易形成层屈服机制的纯框架；

· 砌体结构圈梁、构造柱等措施缺失或不足；

· 窗间墙、窗端墙宽度过小等。

2008 年汶川 8.0 级地震的极震区（映秀和北川）仍有一批表现相当顽强的建筑，通过深入剖析这些榜样建筑的构造特点，可以发现它们无一例外很好地遵循了经典力学原理，在构造上呈现"整而不散""延而不脆""匀而不偏""冗而不单"。通过实验和理论分析揭示这些建筑抗震强度的秘密，在全国大范围推广应用，其工程意义和社会价值不可估量。

（四）智慧服务

1. 地震数据信息管理服务平台建设

科学问题：

当今世界信息技术创新、发展与应用日新月异，以数字化、网络化、智能化为特征的信息化浪潮蓬勃兴起，党中央、国务院提出实施国家大数据战略，这些都要求地震业务和地震信息服务技术平台转向新技术应用，形成以云计算、大数据、物联网、人工智能和互联网理念构建的新型地震业务技术体系。

地震信息化经过多年发展，取得了良好的建设效益，但目前仍存在系统功能冗余、数据资源分散、自动化程度低及监控能力薄弱等问题。通过现代信息技术与地震业务深度融合，整合提升现有基础设施，构建全局全量数据资源池，打造全流程一体化监控平台，大力发展人工智能应用，推进地震领域的业务流程化、组织扁平化，加快推进防震减灾事业现代化建设。

技术手段：

运用云存储与云计算平台，以及大数据技术，实时汇集、处理、存储和分析海量多元地震大数据，以分布式节点存储、多节点平行计算等方式提供智能、可线性扩容的地震大数据处理能力，构建统一的地震大数据环境、地震信息服务大数据平台及业务管理信息化系统，构建开放、智能的众创业务平台和地震业务运行全流程一体化监控平台，有效提升地震业务高效运行的支撑能力，让地震数据和地震信息服务成为普惠国家安全和经济社会发展的基础。

现有基础：

目前，地震部门依托中国地震台网中心建成了国家地震科学数据共享中心，包括强震动数据分中心、地震地质与地震动力学分中心、重力与形变数据分中心等11家数据分中心，形成了"1+11"数据共享模式。由于缺乏全局全量的地震数据中心，数据管理分散，导致获取难度大，数据共享不足，阻碍了多种观测数据融合分析，价值挖掘不充分。地震数据可分为7大类，共用160多种地震观测仪器，观测数据涉及地球物理、大地测量等多个学科，缺乏统一的标准和集中治理，数据格式多样，使用难度大。由于管理的分散和格式多样等问题，导致地震数据难以形成大数据效应。

为了支撑地震数据存储和计算等，目前地震部门在全国范围内建有40多个机房和1800多台服务器，设备老化现象突出，各单位基础设施低水平、重复、分散建设，统筹难度大，无法形成规模效应，基础支撑能力不足。

工作重点：

按照"打牢共用、整合通用、强化应用"的思路，地震数据信息平台主要包含信息资源网、共享服务环境和应用系统，系统架构如图4.17所示。

信息资源网方面，以传感器、通信网络、计算存储和安全防护等资源为基础，构建"物理分散、逻辑统一"的地震基础设施平台，实现网络、存储、计算资源的统一管理、统一调度和统一配置。

共享服务环境方面，在信息资源网的基础上，构建全局全量地震数据资源平台及共用服务平台，实现数据收集与分发、质量控制与产品加工、存储管理与共享服务等功能一体化集成，提供地图、速报、监控、会商、编目等共用服务及业务服务。

应用系统方面，依托信息资源网，利用感知终端、数据部门、业务部门汇聚的数据，基于共享服务环境提供的共用服务、通用业务服务，有效支撑地震速报、地震编目、视频会商等应用。

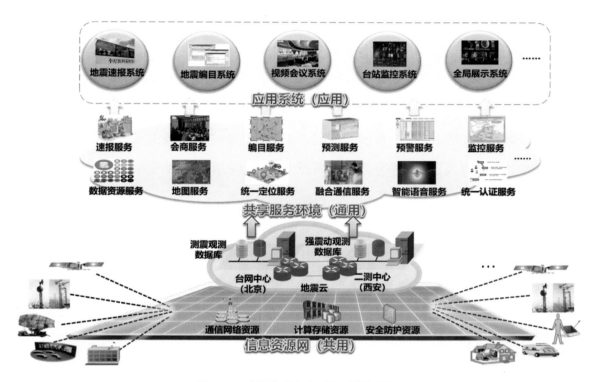

图 4.17　地震数据信息平台系统架构图

工作计划：

（1）基础设施能力提升

依照地震信息化建设顶层设计的总体要求，根据地震行业的业务特点和未来"云服务"的应用定位，针对实验场建立"2+5"模式的"云服务"基础设施，具体包括：

① 在现有基础上，新建改造全国地震行业骨干通信网络，形成以中国地震台网中心、中国地震局地震预测研究所为节点的"云服务"核心网络；对中国地震局地球物理研究所、地质研究所、地壳应力研究所及四川省地震局、云南省地震局与核心节点的网络连接及互通进行优化配置。为构建基于"云服务"的地震信息化系统建设奠定必要的网络基础。

② 对中国地震台网中心、中国地震局地震预测研究所现有网络设备、计算服务设

备、存储设备、网络安全设备进行扩容和升级换代，配套系统完整的"云服务"支撑平台软件和管理软件，以确保中国地震台网中心、中国地震局地震预测研究所能够承载实验场涉及单位的网络接入和全量数据的汇聚、存储、管理及服务，实现对实验场业务体系的支撑和统一管理。

③ 在现有基础上对中国地震局地球物理研究所、地质研究所、地壳应力研究所、四川省地震局、云南省地震局的业务系统进行升级改造，建立以"云服务"为支撑的业务体系，支撑对所辖行政区域各类地震监测数据的汇聚上传、处理分析、质量把控，以及各类业务系统的运维、监控和产出。

④ 在现有生产系统之外单独建立一个新应用测试平台，提供新的云应用上线之前的模拟测试环境，该平台在每个节点都进行部署，与生产系统规格相同，但容量较小。

⑤ 建立"物理分散、逻辑一体"的"云服务"管理平台，包括云平台的集成管理、运维管理、运营管理等多个子系统的建设。实现对"2+5"区域中心的计算、存储、网络、环境等多项资源及服务的统一调度和管理，为最终用户和管理人员提供动态、可视、全面的应用及管理服务。

（2）地震数据资源平台建设

遵循"与数据有关的事情由地震数据中心提供服务"的原则，构建上下联动、高效运转的数据资源平台，实现地震数据的"单点录入、全局共享、综合管理、统一服务"，提高地震数据资源治理和综合服务能力，实现地震业务的协同处理，提高业务服务效能。具体建设目标如下：

① 依托分布式数据中心的云计算基础设施环境，构建大数据分析处理平台，建设实验场全量数据中心，形成"2+5"地震数据资源池，实现海量地震数据的综合管理和统一服务，提升数据分析处理及管理维护能力，实现数据跨域、跨系统、跨部门共享。

② 开展技术系统详细设计及分布式环境下地震数据存储、并发处理、地震数据流快速计算等关键技术的研发和验证，完成地震数据中心软硬件技术系统的开发、测试、部署、联调和运行。

③ 建立地震数据中心运行管理规范和工作流程，确保数据中心业务的有序运行和服务产出，为实验场各业务系统提供统一的数据资源环境和平台支撑。

④ 开展地震数据资源池建设，完成数据中心技术系统的原型开发验证、上线部署和系统联调运行。

阶段性目标：

构建"2+5"模式的"云服务"基础设施，建设实验场地震数据资源平台，实现海量地震数据的综合管理和统一服务。

进度安排：

（1）"云服务"基础设施建设。

（2）各类数据接入。

（3）数据存储与管理。

（4）数据加工处理。

（5）数据共享与分发服务。

（6）平台数据业务运行监控。

2. 地震信息公共服务平台建设

科学问题：

长期以来，"固定化"信息产品普遍存在。同样的信息面对不同的服务对象时，表达形式应该有所差异，但目前地震信息产品展现形式单一，还不能满足社会和政府多样化需求。"模式化"产品产出现象突出，长期保持着"数据—相同软件—相似图像"的模式，产出了大量相似的低质量产品。根源在于我们只有产品制造团队，进行流水线作业，少有产品研发团队，进行尝试性创新。

现阶段，对地震信息不同服务对象的准确需求尚未很好地掌握。对服务对象认识不清晰，分类不精细。地震业务各环节产出了大量信息，有些信息质量非常高，但由于服务对象不明确、需求不清晰，导致供需匹配低，降低了地震信息服务效能。随着"国家地震科技创新工程"的实施，将在"透明地壳""解剖地震""韧性城乡"方面产出一大批世界级的科研成果。地震科技的"供给侧结构性改革"，智慧服务是关键，既要了解供给侧的政府、公众对防震减灾的需求，又要基于上述三个计划成果研发有助于公众明白的科技产品。

技术手段：

基于云计算平台，构建地震数据的共享分析服务平台和地震数据可视化系统。构建12322防震减灾信息服务平台并借助社会公共平台，开展地震信息公共服务。

现有基础：

中国地震台网速报微博目前已累计拥有近千万粉丝，每当大地震发生后，当地的网友会马上给我们报告震感，上传现场图片和视频，使我们能在第一时间了解震情和灾情，这对地震应急工作帮助很大。全世界各地也有很多华人，我们也可以通过微博平台，了解全球大震的灾情。

通过与互联网公司合作，中国地震台网中心基于对移动人口大数据的分析，实现了对指定区域热力人口的自动计算和自动作图，多次应急工作表明，地震热力人口大数据取得了较好应用效果。

以前，地震的速报内容只有时、空、强三参数等简单内容。现在通过技术研发，地震信息播报机器人实现了地震速报内容的自动化产出，内容包括地震速报参数、震中热力人口数据及分布图、震中地图、震中海拔、震中地形图、震中附近村庄乡镇县城及分布图、震中周边历史地震情况及分布图、震中简介、震中天气等。该内容在电视、新闻、互联网、新媒体上得到广泛传播，仅在 2017 年九寨沟地震中转发量达十亿量级，取得了较好社会效果。

工作重点：

利用大数据平台和智慧服务体系，实现"透明地壳""解剖地震""韧性城乡"科研成果向数据共享、智慧服务转化，为相关科学研究和日常工作提供更加便利的基础性服务，同时将上述科研成果向大众服务产品方面转化并与相关产品融合，提高服务产品的科技含量。针对移动互联网和新媒体技术的传播特点，研发并提供各类地震信息服务新产品。

工作计划：

（1）地震数据的共享分析服务平台

地震相关业务因具有极强的专业性，需要在分析时处理大量的相关数据、进行复杂的计算。为了缩短业务人员的学习、开发周期，基于国际地震学术领域的多个开源处理和绘图软件，集成构建地震数据的专业处理分析的服务平台。

（2）地震数据可视化系统

基于"解剖地震"研究成果，建立大震孕育、发生的震源介质结构和动力学模型；运用地表 InSAR、GNSS、地球物理场观测、前兆台站观测，结合空间 FY–4 和 OLR 数据，以视频技术将地下应力集中点及震源空间动力过程、前兆现象可视化。编制时空 4D 震源动力演化过程视频软件，以卡通形式对地震孕育、发生进行科学解释，可有效避免谣传和恐慌，进行地震科普教育和公众服务。

研究多尺度、多元地震信息三维耦合技术，解决大场景下小体积模型的退化问题，满足三维数据一体化公众服务的需求；研究三维活动断层、地层、地貌、地壳物性结构等各类资料多元模型的数据驱动动态更新方法，满足三维发布需求。

（3）12322 防震减灾信息服务平台建设

12322 防震减灾信息服务平台建设主要包括以下几个方面的建设内容：

① 防震减灾综合知识库建设。建设内容包括：整理归类各类地震科普知识，形成包括图像、视频、文字、语音等多种形态的地震科普知识库。

② 公共服务用户管理服务系统建设。建设内容包括：用户信息数据库、用户注册管理、用户定制服务管理、用户交互服务等，以此实现对注册用户的定制化服务和对用户反馈信息的精细化管理。

③ 12322 短信服务系统建设。建立与三大电信运营商短信服务网关的专用通信链路（不低于 2 M 的通信专线），开发面向地震速报、地震应急响应、地震灾情调查、政事信息发布等多项业务的短信服务系统。

④ 新媒体微信服务系统建设。研制开发微信应用服务接口和应用服务客户软件，建立基于 S/B 架构的微信服务应用管理系统。

⑤ 新媒体微博服务系统建设。研制开发微博应用服务接口和应用服务客户软件，建立基于 S/B 架构的微博服务应用管理系统。

阶段性目标：

构建地震数据处理与展示共享服务平台，加快"透明地壳""解剖地震""韧性城乡"最新研究成果的共享与服务，提高地震业务的科技水平，并开发一批大众化的智慧服务产品。针对移动互联网和新媒体技术传播特点，实现地震数据处理的自动化、产品展示的可视化，研发并提供各类地震信息服务新产品。

进度安排：

（1）构建地震数据的共享分析服务平台。

（2）建设新媒体微信服务系统。

（3）建设新媒体微博服务系统。

（4）建设地震数据可视化系统。

（5）建设 12322 防震减灾信息服务平台。

3. 中国地震科学实验场的宣传教育

科学问题：

虽然，社会公众对于地震知识有了一些基础的认识，但是社会公众的认识仍然落后于当前地球科学技术的发展。如何将最新的地球科学知识和进展传达给社会公众，并加强社会公众与地震科学家的互动成为一个基本的科学问题。

目前的主要挑战是如何将已有的、科学家认识的地下结构转化为社会公众能够理解的形式；如何将现有的地球科学认识以三维甚至四维的形式展现给社会公众；如何将实验场获取的关于"透明地壳""解剖地震"和"韧性城乡"的新认识以可理解的方式传播给社会公众。

技术手段：

主要借助于计算机和物联网技术等现代高科技技术手段，并基于现代社会传播理论开展地震实验场的宣传，为公众提供信息、数据、资源共享、教育和科学普及等方面的服务，形成从研究、试点到示范的传播链路和社会宣传模式，促进公众提高应对环境、资源和地震灾害的能力。

工作重点：

实验场的宣传教育工作主要包含公共宣传和知识传播两大领域，可以细分为科学产品的可视化设计、区域地震遗址公园设计建议方案和区域地质公园设计建议方案等几个方面。

（1）科学产品的可视化设计

采用先进的计算机可视化技术，将实验场区获取的科学产品进行可视化，使得现有的、科学家认识的地下结构转化为社会公众能够理解的形式。与此同时，将现有的地球科学认识以三维甚至四维的形式通过社交媒体等方式发布给社会公众，将实验场获取的关于"透明地壳""解剖地震"和"韧性城乡"的新认识及时以可理解的方式传播给社会公众。

（2）区域地震遗址公园设计建议方案

参考"5·12"汶川特大地震纪念馆、北川地震遗址设计，进行实验场区地震纪念馆和遗址公园的概念设计，提出地震纪念馆和地震遗址公园的设计建议方案。一旦实验场区发生规模以上地震灾害，有针对性地提交地震纪念馆和地震遗址公园设计建议方案，并参与地震纪念馆和地震遗址公园相关建设，提高地震纪念馆和地震遗址公园的科技含量，使得公众更加了解地球科学、地震及其相关现象，普及地震科学。

（3）区域地质公园设计建议方案

实验场区范围内共包含世界、国家和省级地质公园共有32处，分别是四川省17处（含省级6处）、云南省12处和贵州省3处。

研究并制定地质公园中实验场区科学产品的展示方案，逐步将实验场科学产品以影像、音像、多媒体等方式在现有的32个各级地质公园中开展科普宣传，为提高社会公众的科学素养服务。积极参与新的地质公园的科学设计，将地震实验场区科技成果宣传普及纳入地质公园的科普设计中。

（4）中国地震科学实验场卡通形象设计

卡通形象本身具有简洁的视觉效果，是现代读图时代最理想的视觉传播符号之一。它也超越了语言的束缚，帮助实现人们跨地域的情感交流，为人们的日常生活添加了许多有趣活泼的元素，也为各种场景增添了悦人的色彩。作为品牌形象时，卡通形象带来的亲和力和趣味性，是一般的图形标识所无法具备的。

参考美国航空航天局（NASA）的 CINDI-CNOFS Satellite 任务，设计中国地震科学实验场的卡通形象，树立中国地震科学实验场品牌。与地震电磁监测试验卫星（CSES）等地球物理场观测星座合作，与公众一起，共同创作相应的卡通作品，进行合作宣传。

（5）中国数字地震科普馆建议方案

数字化技术作为新兴技术，为传统的地震科普方式提供了更大的空间，它可以为人们在更深更广的时空范围内进行地震知识的普及，有效地提高了地震科普的效率。

中国数字地震科普馆既是一个地震科普宣传作品，又是一个地震科普宣传平台。它主要基于数字化和网络化的技术，将实体的地震科普馆虚拟化，融入地震科普知识，通过"互联网＋"形式向民众提供地震科普知识宣传服务，以实现科普宣传受众的最大化。研究中国数字地震科普馆建设方案，提出中国数字地震科普馆建议方案，能够扩大地震科普受众面，提升公众接受地震科技的热情，极大地满足当代社会的公众需求。

进度安排：

（1）实验场科学产品的可视化技术研发，可视化产品的设计发布。

（2）地震遗址公园的概念设计方案和科普设计方案建议。

（3）区域地质公园地震科普方案设计。

（4）实验场科学产品在地震遗址纪念馆和遗址公园、各类地质公园的示范性部署。

（5）中国地震科学实验场卡通形象设计与卡通作品创作。

（6）中国数字地震科普馆建议方案设计及参与建设。

第五部分
实验场基础观测能力建设

地球科学是一门以观测、探测为基础的数据密集型科学，地震预报研究与实践更是强调监测、研究、预测的有效结合。实验场科学问题的逐步解决，科学主体模型和预测主体模型相关的基础模型逐步完善，其重要工作基础就是有效合理地获取监测资料；有了基础探测和监测研究工作，实验场的科学设计才不是"空中楼阁"。实验场主体模型主要涉及 10 个基础模型，而其中大地测量模型、介质模型和断层模型的构建离不开大量的补充性观测与探测；另一方面，实验场从成立之初就注重新仪器和新技术的实验，期望为地震研究和预测提供更有效的监测手段。综合上述考虑，本部分主要梳理了大地测量模型、介质模型和断层模型可用的现有监测资料，以及针对深入研究目标的下一步监测需求；最后介绍了新仪器和新技术相关实验工作流程和进展。

（一）川滇地区观测现状

实验场区分布有丰富的大地测量和地震资料，具体包括 GNSS 观测、区域水准观测、跨断层观测（跨断层水准、跨断层测距等）、定点形变观测（倾斜类观测、应变类观测）和地震学观测等，当前阶段 GNSS 和区域水准的测站布设原则以约束区域变形场空间分布、兼顾重点断层段落变形细节为主，跨断层和定点观测的布设原则以监控区域变形敏感地点、探索震源异常现象为主。

1. GNSS 观测

川滇地区是中国大陆最早开展 GNSS 观测的区域，自 20 世纪 90 年代在滇西地震预报实验场开展 GNSS 观测实验研究以来（Seeber and Lai，1990 年），目前已经积累了丰富的观测资料。川滇地区可用的连续 GNSS 资料主要包括中国大陆地壳运动网络工程连续测站（1999 年开始观测）、中国大陆构造环境监测网络连续测站（2010 年 6 月陆续开始观测）、其他科研项目及共享测站（中国地震局地震预测研究所在龙门山断裂带南段、川滇交界东部、滇西的测网；四川省地震局、云南省地震局主导的 GNSS 连续测网，中国气象局共享 GNSS 连续站等）。GNSS 流动站主要包括中国大陆地壳运动网络工程区域站和基本站（1999 年开始观测、每 1~2 年复测一次）、中国大陆构造环境网络区域站（2009 年开始观测、每 1~2 年复测一次）、武汉大学科研项目剖面、973 项目流动站等。川滇地区的 GNSS 连续站和流动站的具体分布见图 5.1，包括中国地震局地震预测研究所 2019 年拟新建的 200 个观测站，总计 694 个。总体上，川滇菱形地块东边界和滇西地区的测站密度较高，其他区域分布较为平均。

2. 区域水准观测

通过统计历史资料可以看出，川滇地区共进行了一二等水准复测约 5.1 万 km（见图 5.2），其中 1959~1969 年期间观测约 0.5 万 km，1970~1989 年期间观测约 2.7 万 km，2000 年以来观测约 1.9 万 km。工作区域的大部分一二等水准路线进行过 2 期及以上复测，其中丽江 – 大理、大理 – 腾冲、大理 – 保山 – 永德 – 耿马、大理 – 南涧 – 景东 – 景谷 – 思茅 – 景洪 – 勐海、昆明 – 大理、昆明 – 建水、昆明 – 曲靖、中甸断裂北段附近区域水准测线存在 4 期及以上的水准观测数据。水准观测主要由我国地震部门和地理信息测绘部门主导。

（1）1970~2009 年中国地震局对青藏高原东部地区 LNUSA 水准网开展了一等水准测量，用于分析识别研究区域主要构造活动和地块运动情况；2010~2012 年期间依托"综合地球物理场观测 – 青藏高原东缘"项目，中国地震局对 LNUSA 水准网开展了一次一等水准复测；2016 年，中国地震局第一监测中心因震情需要在云南南部地区进行了约 1000 km 的一等水准观测。

（2）我国地理信息测绘部门于 1977~1988 年、1991~1999 年和 1982~1988 年期间对研究区域 NASMG 水准网开展了精密水准观测，用于国家高程系统确立和维护，其中前两期为一等水准观测，1982~1988 年为二等水准观测。2013 年以后，我国地理信息测绘部门在大地水准面精化项目中，对研究区域的 NASMG 水准网又开展了一次一等水准复测。

3. 定点形变观测

以捕捉震源异常信息为目的，中国地震局在川滇地区布设了一定数量的形变台站，主要测量手段包括地应变 / 地倾斜和跨断层水准 / 基线测量（见图 5.3）。地应变和地倾斜观测属于点观测，测量仪器主要分布在洞体或钻孔中，以探索短临异常为主要目的，目前仪器的稳定性尚需提高；跨断层水准 / 基线测量属于线测量（测线长度介于几十米至上百米），测点一般埋设于断层附近的基岩或土层中。上述两类观测自 20 世纪 80 年代以来，积累了丰富的资料和震例，比如 1996 年丽江 7.0 级和 2013 年芦山 7.0 级地震前，跨断层资料均出现了显著的异常。

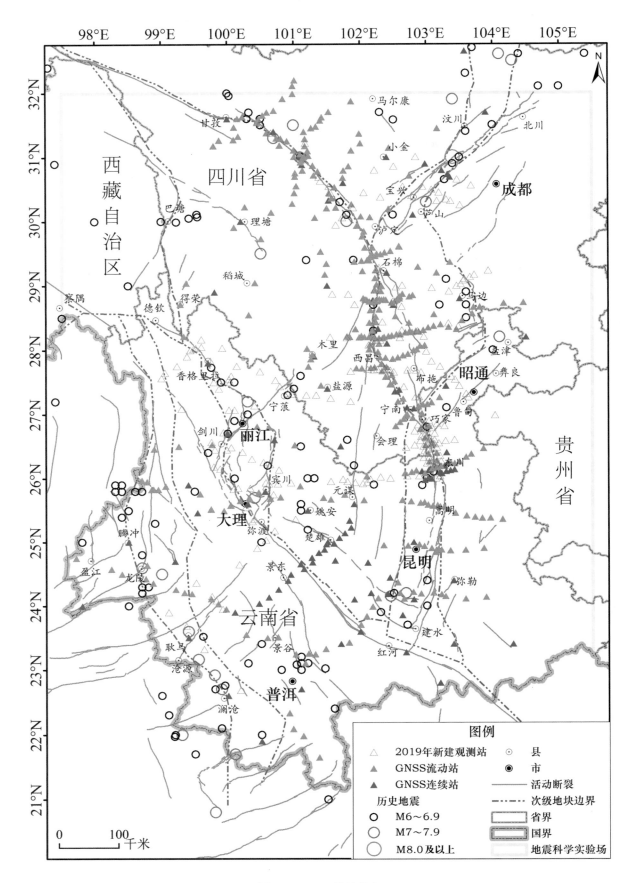

图 5.1　GNSS 测站分布

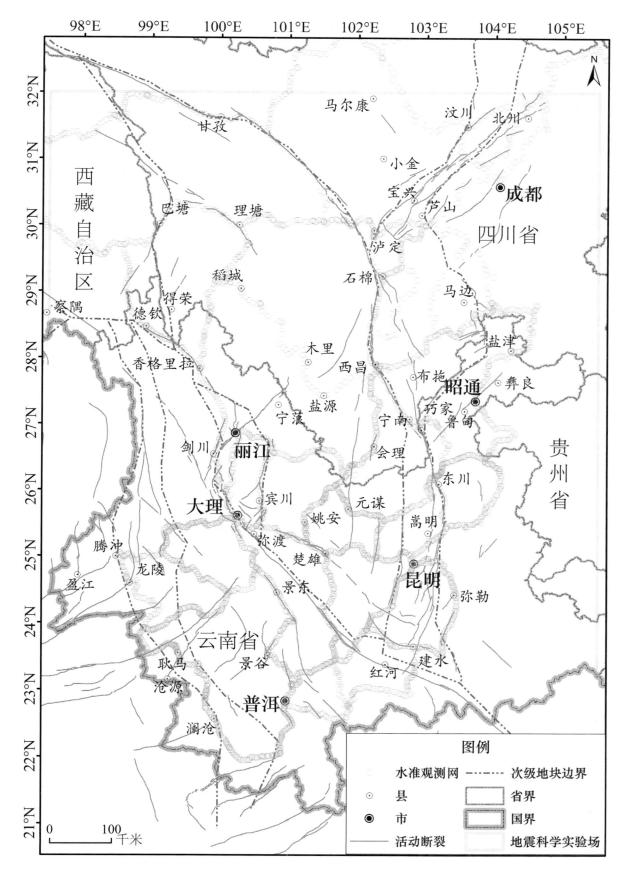

图 5.2 川滇地区水准测网分布

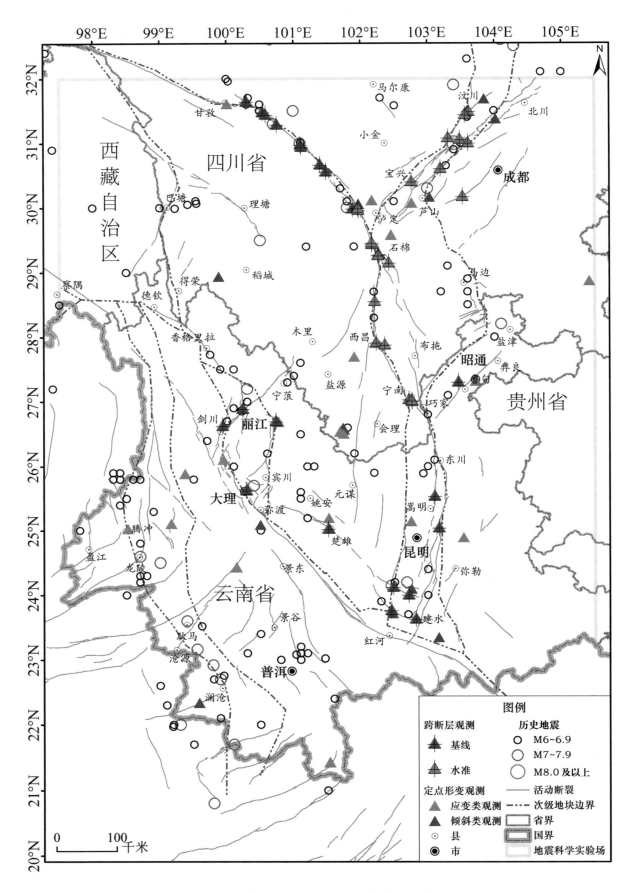

图 5.3 川滇地区定点形变观测、跨断层观测分布

4. 地震学观测

（1）测震台站情况

近十几年，地震方法的理论和算法有了长足的进步，这些技术的进步依赖于观测资料的质量不断提高，因此台站的布局建设对于实现高精度的地震观测监测和获取地下介质结构至关重要。目前，在川滇地区布设了诸多永久性的国家台网和临时性的地区流动台网。随着经费投入的增加和仪器性能的提升，可以测量的数据也越来越多、越来越精细，台站信息也越来越丰富。但是，随着在川滇地区的研究越来越深入，我们将需要更密集、更精细的数据来获取更准确的地下结构。我们已获得的在川滇地区存在的长期和永久台站分布，如图5.4所示。

目前，川滇地区分布的测震台网包括中国国家地震台网、中国地震科学台阵（喜马拉雅计划 I 期）、973项目建设的观测台网和四川省、云南省的固定测震台网。此外，由于研究方向的多样性，以及不同团体和机构对不同种类数据的需求，不少科研机构也在川滇地区及青藏东部等地布设了一些针对各自需求和优势的短期和流动台站，如北京大学、中国地震局地球物理研究所小江断裂观测台网、中国地震局地质研究所亚失稳观测台网和中国地震局地震预测研究所的流动观测台站等。

（2）地震目录定位和震源机制解情况

鉴于目前川滇地区已有的地震定位目录、震源机制解等结果相对比较零散、精度不一，中国地震局监测预报司特组织了一批青年骨干预报人员以震情跟踪重点任务的形式对川滇地区的地震目录定位、震源机制解等进行了重新梳理和精化计算，以便为后续的预报应用和科学研究提供基础支持。

其中，四川台网目录从1970年1月开始，截至2017年1月，共记录到地震374016次。最小震级在0级以下，最大震级为2008年5月12日的汶川8.0级地震。震级标度大多为 M_L，部分5级以上地震采用 M_S 震级。由于历史震相资料的遗失，目前仅收集到自1981年以来至2017年1月（其中尚有部分时段资料缺失）共计269598次地震的震相报告，包含 P波震相1370768条，S波震相1404569条。云南已有震相观测报告从1984年开始，截至2017年1月，共记录到148541次地震的震相信息，但2009年之前的起始震级为2.5级。整个报告包含664501条P波震相和671724条S波震相。地震定位一般采用绝对＋相对的定位方法，在台站分布较好的区域，水平定位精度可在1km左右，而垂直精度约1km~3km。

2001年1月~2016年5月川滇地区震源机制解约4927次，其中2001~2008年为搜集前人的结果，2009年之后为计算获得的结果。其中包括2001年1月~2008年12月936次 M_L3.0~3.9地震；2009年1月~2016年5月3466次 M_L2.5~3.9地震；2001年1月~2016年5月525次 M_L4.0及以上地震。对于 M_L4.0及以上地震，采用CAP波形反演方法进行计算；对于 M_L2.5~3.9地震，采用HASH方法进行计算。

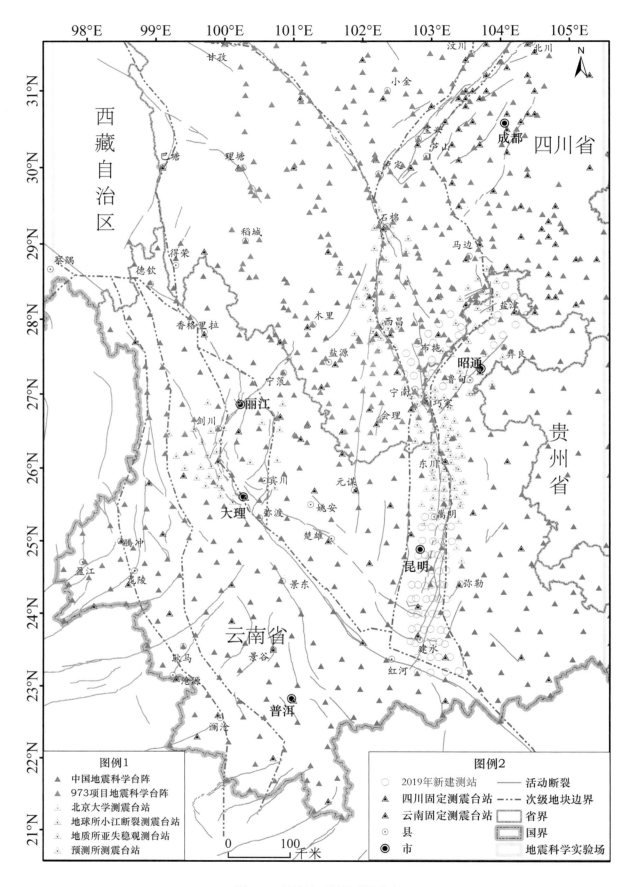

图 5.4　川滇地区测震观测分布

（3）地下结构研究进展

近些年来，在实验场区域已经开展了大量的地下结构的研究工作，综合起来，主要有以下几个方面：

① 在各向同性体波结构研究方面，自 20 世纪 80 年代以来，已经开展了大量的研究。这些研究提供了不同尺度、不同分辨率的川滇及周边区域的速度结构，为认识该区域的动力学构造、地震危险性和发震机理提供了大量的资料。

② 除体波研究外，该区域面波结构研究在过去的几十年中也得到了长足的发展，获得了大量的结果，包括地震面波、噪声成像、噪声及面波联合成像等，已有研究提供了不同分辨率的涵盖地壳和上地幔区域的面波和剪切波速度结构，为建立该区域的三维速度模型提供了关键性基础。

③ 单纯的面波或体波反演都存在一定的不足，比如面波虽然垂直方向的分辨率较高，但在水平向的分辨率较低，且在界面上的敏感度不高；相反，体波在水平向的分辨率较高，但垂直向的分辨率较低；而远震体波的接收函数则对界面的分辨率比较好。因此，综合体波和面波的联合研究能够更好地提供地下结构的信息。在这方面，近年来川滇地区也开展了一定量的工作，其研究成果在一定程度上提高了我们对于该区域地下结构的认识。

④ 以往的研究主要是基于地震波的到时或频散信息进行反演，虽然速度和效率比较高，但在精度和分辨率上仍然存在一定的不足，特别是当采用反演得到的模型去合成地震图时，经常会出现合成地震图和观测波形存在一定的差异的现象。为了解决这一问题，Adjoint 成像技术开始出现并逐渐应用到成像研究中。该方法由于采用波形进行反演，同时考虑到地震波的有限频效应，其准确度和分辨率都较传统的反演方法有很大的提高。有学者利用该方法研究了中国大陆和东亚区域的地震波速度结构图像，为实验场的地下结构研究提供了新的方向和借鉴。

⑤ SKS 分裂。利用 SKS 波（现在还有 XKS 分裂等）在不同方向上传播速度可能存在差异，来确定地下物质结构的各向异性，从而给出研究区域从地壳和地幔的综合各向异性特征。已有研究在认识实验场的地下物质流动、动力学特征等方面提供了重要信息。

⑥ 相对于 SKS 分裂，面波各向异性则能够提供不同深度上的各向异性特征，特别是对地壳和上地幔顶部的各向异性特征能够很好地分辨。尤其是近些年，由于噪声成像的出现，面波各向异性研究更是取得了良好的进展。目前，川滇地区已经开展了较丰富的各向异性研究，这些研究在很大程度上给出了地壳上地幔的各向异性图像。

⑦ 接收函数各向异性研究。除了 SKS 体波各向异性和面波各向异性之外，近几年来，根据接收函数在不同方位角上的差异，地壳的各向异性研究也取得了长足的进展。特别是在实验场区域，已经开展了相当成熟的研究，这些研究为认识地壳和结构及各向异性提供了独立的观测资料的补充。

⑧ 岩石圈强度的各向异性研究。以往的各向异性研究主要集中在地震各向异性上，得到的是岩石的地震速度性质。而对于地球动力学而言，更为关键的是地下的强度结构。近几年来，用重力异常和地表高程的相关性研究岩石圈强度各向异性已经成为可能，并在川滇地区开展了初步的研究，得到了部分结果。

5. 工程强震动观测

国家"十五"重大项目——中国数字地震观测网络项目在实验场范围内建设了较高密度数字强震动台网（见图 5.5）。云南省境内现有强震动观测固定台 246 个（含烈度速报台 50 个）、活断层台 30 个、场地影响台阵 1 个（4 个测点）、存储台阵 2 个（14 个测点）；四川省境内现有强震动观测固定台 211 个、场地影响台阵 1 个（7 个测点）。2008 年以来川滇地区获取了 2.5 万余条强震动记录，占我国大陆地区强震动观测记录的 70% 以上。但针对地震多发区的震源 – 路径 – 结构 – 城市的密集工程强震动观测设施仍然欠缺，所获取的支撑地震工程和地震风险研究的数据仍然匮乏。

（二）川滇地区观测设计

1. 设计原则

（1）高分观测。建设高分辨率先进观测系统，全面提升自主获取高分辨率观测数据的能力，构建高分辨率数据分析处理和服务应用体系。

（2）综合观测。持续加强综合观测时空密度和观测要素丰度，构建立体综合观测系统，形成综合观测集成平台和运维平台，提升观测数据可用性。

（3）高端配置。采用高端观测设备，引入各领域高科技产品，深度参与技术创新，驱动监测预报业务能力，提升行业竞争力和现代发展能力。

（4）高位推动。跨部门、跨领域高层互动，明确行动、方案、目标，统一思想、标准、制度。解决突出问题，推动专业观测设施共建、观测资料共享。

（5）分步实施。在统一的规划和标准下，分步、分阶段地独立实施，降低系统实施难度，减少系统投资，规避实施风险。

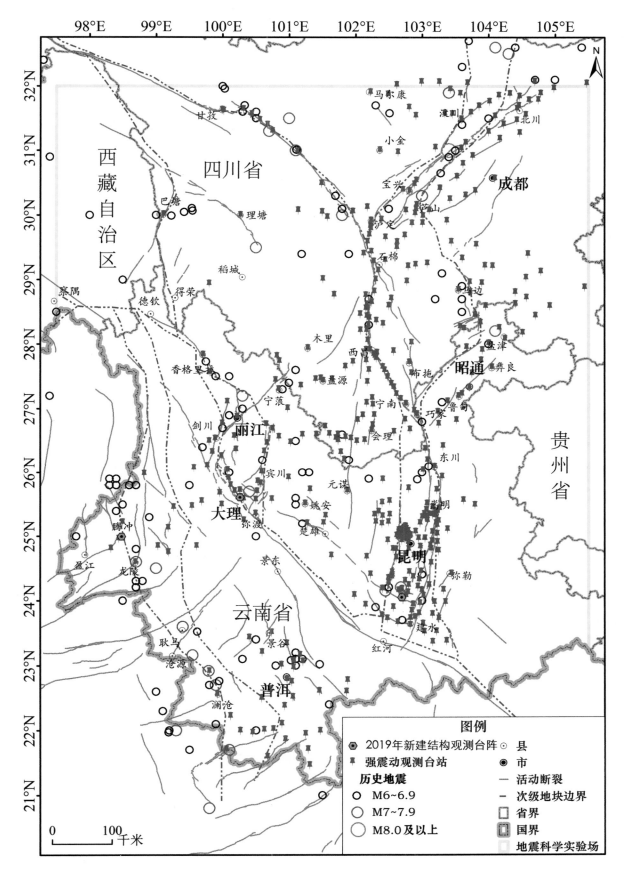

图 5.5 川滇地区强震动观测分布

2. 大地测量观测设计

地应力和地形变是研究地震孕育发生力学过程的两个基本独立的物理量，大地测量观测设计要围绕了解地应力场和地形变场的时空演化和对地震序列发生的影响来协同部署。

川滇地区目前的大地测量观测尚不能提供重点断层的闭锁深度、近场应变分配等可靠信息获取的有效约束条件。因此，需要基于川滇典型构造区的地壳变形模式及断层分布特点，设计有效的远、近场大地测量加密观测方案，系统提升重点断层的三维时空监测能力。基于典型构造区的加密观测和数据融合处理，从空间上识别所覆盖断层段的加载速率、闭锁深度、应变率分布，在时间上跟踪其动态变形过程，为判断其所处强震孕育阶段、识别孕震过程动力学问题提供支持。

（1）GNSS 长期观测站、不同类型的定点形变观测站，应该和钻孔地应力观测协同布局，了解不同尺度上应力和应变随时间变化的特征及与大地震孕育发生的关系。利用 GNSS 速度场基于反演模型识别断层的变形及闭锁特征，研究表明精确估计远场加载速度需要数个断层闭锁深度距离的 GNSS 数据分布，而精确估计断层闭锁深度需要二分之一倍数的闭锁深度距离的高密度 GNSS 数据；利用 GNSS 数据估计断层近场应变率时，要求 GNSS 数据同时具有高精度和高空间分辨率。在川滇地区大地测量观测设计中，着重提高台网密度，进行分步实施、全面加密观测。

（2）在区域水准观测设计中，充分考虑复测周期较长、人力成本较高等因素，重点提升工作区域垂向变形信息提取能力，发挥 1970 年以来水准资料的高精度和高空间分辨率优势，通过与 GNSS 垂向信息、InSAR 资料的融合，实现对断层垂向运动的静态约束。以欧洲航天局系列卫星（ERS-1/2、Envisat、Sentinel-1A/B）为主，采用合适的数据组合方法（小基线、同季节等）和先进的误差消除方法，提高 InSAR 结果的可靠性。

（3）定点形变和跨断层形变观测设计，以探索震源区时间变化异常为主要目的，定点形变观测手段重点放在提高观测资料的可靠性和稳定性上，特别重视发展深孔和隧洞观测的科学布设，以保证观测到的异常现象具有明确的物理意义；跨断层观测重点放在资料的可解释方面，研究构建解析或物理模型以给出观测异常的机理分析结果。

3. 地震学观测设计

实验场地震学观测尚存在一系列问题。台网分布密度和均匀性需要进一步提高，目前获得的结果主要是通过国家固定台网和部分区域台网得到的，在鲜水河-小江断裂带等区域分布较好，但空间分布不均匀，分辨率相比美国加州区域，仍需要提高；一些区域的研究还不够深入，四川盆地东、北方向结构研究尚显薄弱，可供参考和选择的资料较少，川滇内部的研究也存在一些矛盾的观点；缺少统一的速度模型，目前的研究都是较为零散的区域性研究，还没能结合目前所有的模型及数据，建立统一的高分辨率模型；需要继续发展新的研究技术和方法，随着该区域台网的不断加密，以及主动源等的出现，需要进一步发展新的成像方法。

川滇地区现有的固定和流动测震台网可以满足所需构建的大区域的统一速度结构模型的数据需求，但建立更高分辨率的断裂带、城市、断层等三维精细结构模型，还需要布设密集流动台阵。

4. 工程强震动观测设计

为系统探索地震动作用、结构地震破坏和地震成灾机理，推动"韧性城乡"计划的实施，提升地震风险抗御能力，拟在川滇地区选择合适区域及典型核心城市，建设"韧性城乡"和地震工程高密度综合观测台阵集群，获取从震源破裂—传播路径—场地响应—地基基础—结构反应—工程破坏—地震致灾—地震减灾—震后恢复的全链条工程观测数据，实现数值模拟、实验室缩尺实验和野外真实地震作用下真实地震响应和致灾的有机结合，用于工程地震学、强震动地震学、实时地震学、土动力学和综合减灾等地震工程学及"韧性城乡"领域的综合研究和前沿探索，推进实时灾情监测、实时地震减灾、地震灾害风险评估等防震减灾业务应用系统研发。

密集台阵集群主要实现以下监测目标和内容：

（1）自由场密集地震工程观测

在现有川滇强震动观测及地震学观测设计的基础上，在实验区内拟建高密度综合观测台阵集群区域及周边，加密布设平均间距 4 km~10 km 的强震动仪或地震烈度仪，获取高密度近场强震动观测记录。研究空间高分辨率强震动分布及特征，研究盆地和特殊场地地震效应，研究强震动破坏作用。

（2）三维场地影响强震动台阵

选择典型盆地，分别在基岩露头、地面土层、井下不同深度，布设强震动仪、地震烈度仪、GNSS 强震动一体仪，建立三维场地影响台阵。研究三维地震动特征，研究复杂场地地震反应分析方法。

（3）厚覆盖层竖向强震动台阵

选择区域内涵盖 10 m~300 m 覆盖层的场地，以 10 m 内间隔 2 m 及下卧土层分层为基本单元，建设井下高密度强震动观测台阵，布设加速度、位移、应变传感器，获取厚覆盖层深井立体强震动观测记录。研究厚覆盖层高分辨率强震动分布特征，研究复杂场地地震反应分析方法。

（4）液化场地台阵

选择易液化场地，布设强震动仪和应变传感器，建设液化场地台阵。研究厚液化场地强震动分布特征，研究基于地震动记录的液化实时判别方法。

（5）地形影响台阵

选择典型局部地形起伏变化较大场地，在不同高程处布设强震动仪或地震烈度仪，建设局部地形影响台阵。研究复杂地形的强震动分布特征，研究局部地形对强震动特性的影响。

（6）多类型结构强震动观测台阵

分别选择不同结构类型、不同抗震措施、不同设防烈度的典型住宅和工业、商业、基础设施等建构筑物，以及生命线工程设施，布设强震动仪、应变仪、相对位移计、转动加速度计和 GNSS 强震一体仪等观测仪器，建立由自由场（1~5 个观测点）、结构（10~30 个观测点）台阵组成的综合地震反应观测系统。研究不同类型结构地震破坏与成灾机理，研究结构健康实时诊断与地震损伤实时评估方法。

（7）地基－基础－结构相互作用台阵

选择典型结构，布设强震动仪、应变仪、相对位移计、土压力计和 GNSS 强震一体仪，布设自由场（3~10 个观测点）、井下（5~10 个观测点）、土压力（地基、桩基或复合地基 5~20 个观测点）及结构（10~30 个观测点）台阵。研究地基－基础－结构相互作用。

（8）重大及特殊工程结构台阵

选择大型水库、川西大型复杂交通设施结构、重要隧桥等重大及特殊工程结构，建设结构观测密集台阵。研究重大及特殊工程地震破坏与成灾机理，研究重大及特殊工程健康实时诊断方法。

（9）典型城市地震致灾观测网

选择典型核心城市，选择较大数量的典型结构，每栋布设强震动仪或地震烈度仪观测点 1~4 个，建设典型城市地震致灾观测网，获取强震动后结构震动和破坏分布。研究城市地震致灾机理，研究地震灾害风险评估技术，研究工程韧性技术，孵化并推进实时灾情监测、地震实时减灾、地震烈度速报、地震预警与重大工程紧急处置等业务应用。

（10）多功能野外原型结构实验平台

建设野外多功能全尺寸减隔震实验原型结构，布设原位加载系统和反力系统，实现日常实验和有震监测的结合。研究减隔震建筑在真实地震环境中的地震响应控制机理，研究减隔震体系在真实结构中应用的有效性和可靠性。

（三）基础性观测系统建设

为支撑实验场重要研究工作，有必要不断加强实验场的基础性观测，借鉴美国地震学研究联合会（IRIS）的经验，在中国地震科学探测台阵经验的基础上，开展地震、地应力和地形变、地震地质等方面的共享共用性基础探测装置的建设，形成具有国际先进水平的共享共用机制。有必要开展基地建设（含3个实体基地、2个虚拟基地）作为项目的支撑，并借助和借鉴"数字地球"等先进技术，推进地震科学实验场的系统能力形成。同时，面向下一代地震监测、观测系统，在地震科学实验场试点可能对支撑事业具有关键作用的7项新技术及潜在颠覆性技术的应用，包括"北斗"系统、光纤地震仪、精准原子钟、井下综合观测系统、大型无人机雷达干涉测量（UAVSAR）、地应力观测、地震科学钻探。

1. 面向系统形成的基地建设

川滇实验场主要分布在四川、云南两省，需要在两省分别建立实验场四川中心和云南中心，以便在该区域开展观测、运维和协调工作。需要在北京建立实验场中心，汇集、处理和分析观测数据，开展科学研究与国际合作。

（1）"数字川滇"构建

利用"数字地球"技术，集成实验场获得的各类高精度高时空分辨率的观测数据、研究成果，建设大数据接入、数值模拟、分析处理、管理、可视化和共享共用的技术系统，构建"数字川滇"实验场，将中国地震科学实验场建成地震科学研究的前沿基地。

开展高时空分辨率动态观测地震数据收集、采集、处理与整合，包括测震、强震、GNSS、空间电磁、地电地磁、地下流体、大地形变、重力、地应力等观测数据，以及地壳上地幔物性与结构、应力场、形变场、高分遥感数据、地质数据、气象／气候数据、土地资源数据、生态环境数据、社会经济数据、灾害监测数据等，建立基于云平台的"数字川滇"大数据系统。该系统同时为应急管理体系的现代化提供实验和示范。

（2）地震灾害与次生灾害情景构建

在面临大地震直接威胁的城市或城市群地区，建立地震灾害情景构建数值模拟平台，进行地震震源过程、地震动传播路径、局部盆地地形影响、城市各类工程结构地震动力响应等的联合建模，对不同地震情景下现代化城市的直接、间接或次生地震灾害进行高精度、全过程的数值模拟。

在昆明市、玉溪市、成都市、西昌市和其他典型地区开展系统平台建设。

2. 新技术应用实验和技术系统转型实验

（1）北斗系统替代 GNSS 系统观测实验与示范

基于国家安全、自主可控等原因，将在现有的 GNSS 台站增加北斗观测系统；开展北斗替代 GNSS 能力提升实验与示范。

（2）基于精准原子钟的观测试验

利用 GNSS 技术，开展高精度水准与基线的观测是未来 GNSS 技术发展应用的重要方向。精准原子钟的研制和相关的实验是开展这项技术研究的关键。

基于精准原子钟的超高精密测量实验观测，开展精密水准、基线测量替代手段的实验。

（3）大型无人机雷达干涉测量实验与示范

针对鲜水河、安宁河、则木河、小江等主要断裂，购置大型无人机 L 波段雷达干涉测量系统，配备同步多光谱水汽观测，开展大型无人机雷达干涉飞行测量实验与应用示范，通过多方位多角度观测，采用同步水汽产品改正 InSAR 相位延迟，同时配合小型低空无人机辅助测量，获取主要断裂带高精度三维形变场，为认识川滇实验场主要断裂带变形特征提供全新手段。

（4）地应力观测实验与示范

在川滇地震科学实验场布设地应力基本监测网和观测台站，开展绝对地应力探测与相对地应力观测。围绕地应力观测台站部署密集 GNSS 连续地形变观测台站，进行地应力场和地形场时空变化的比较研究。建立岩石圈深浅部应力场模型，研究主要活动断裂带关键构造单元深浅部应力与构造作用的对应关系，揭示块体相互作用机制及强震孕育机理。

（5）井下地震综合观测系统实验与示范

井下地震综合观测是获得地下介质力学参数等物理量的直接手段，能够避开地表各类干扰，相互验证共点多测项观测数据。在川滇地区选择具备潜在地震危险的段落，建设多测项综合观测系统，包括钻孔应变、测震、强震、地温及地面对比观测系统，以获得活动地块及其边界带的介质波速和应力场的动态变化信息，综合应用地震波及其应变观测分量解算介质波速等，形成示范应用。

（6）地震深钻与综合地球物理实验

利用深钻技术探索地球深部介质特性与力学参数是地震科学研究最前沿的技术。目前，国际上已利用深钻技术开展了地震发生机理的研究并取得了非常重要的研究成果。为揭示川滇地区的历史大地震和现今发生的大地震震源区的特征，需要在川滇地区开展地震深钻与综合地球物理实验。

（7）跨断层光纤地震应变实验与示范

光纤传感和传输技术以及光纤地球物理探测技术系统日臻完善，前期野外实验表明已经可以在断层带进行密集网格观测。

在四川、云南构建跨断层应变实验观测网，开展光纤地震、光纤应变、温度梯度实验观测。

分布式光纤传感技术

光纤传感技术具有抗电磁干扰、服役时间超长（超过 30 年）、准确性高等优势。光纤传感记录地下应变信息，比传统速度型地震计更适合分析地下应变和应力状态。其中的分布式光纤传感技术相比于传统的点式传感器具有成本低、维护容易等优点。分布式光纤传感可构建高密度观测网络和永久观测网络，为监测地震、反演高精度地下结构、研究速度和断层的时间变化提供可靠的观测信息。

采用分布式光纤传感技术进行地震监测，可以使用已有的通讯光缆，以降低布设成本，实现大范围监测。尽管勘探地震和天然地震监测领域都开始尝试使用分布式光纤传感技术，目前该技术还面临测量灵敏度和精度较低、缺乏三分量测量、缺乏成熟的地震成像和处理方法等问题，需要依托中国地震科学实验场开展相关研究，开发具有原创性和自主知识产权的高灵敏度、高准确性、低成本分布式光纤地震监测设备和相关地震信号处理、成像和反演方法。

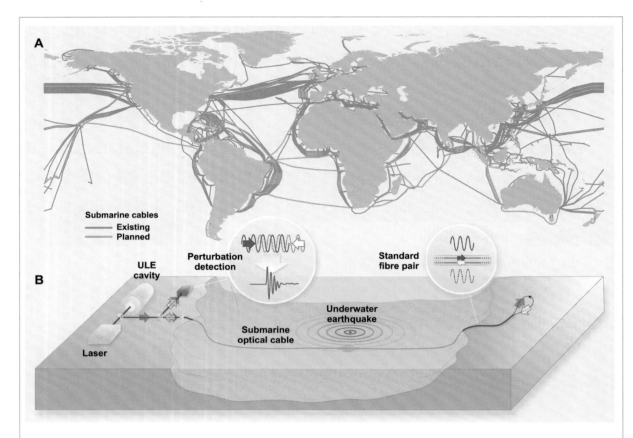

利用海地通讯光缆成功监测 4000 km 外海底地震的震中位置

参考文献：

Marra G.，Clivati C.，Luckett R.，Tampellini A.，Kronjäger J.，Wright L.，Mura A.，Levi F.，Robinson S.，Xuereb A.，Baptie B.，Calonico D.. Ultrastable laser interferometry for earthquake detection with terrestrial and submarine cables. *Science*，2018，361：486–490，doi：10.1126/science. aat4458.

第六部分

预期成果与效益

中国地震科学实验场以深化地震孕育发生规律和成灾机理的科学认识、提升地震风险的抗御能力为目的，利用大数据、超算模拟等新技术、新方法，发展地震科学理论与基础模型，产出一批具有国际影响的原创成果，引领和支撑地震业务转型升级。

实验场预期成果包括可检验可对比的统一模型、强震概率预测模型和强地面运动预测模型及其示范；以地震分析自动化与余震序列快速检测为切入点，形成新型业务体系示范；初步形成实验场标准体系框架和执行标准清单。

实验场的科技产出瞄准美国南加州地震中心，对标其现有水平，保持实验场的国际领先水平；考虑我国大陆型地震特点和五十年来开展地震预测实践的经验，突出中国特色；强化科技创新成果转化应用，及时开展实验场前沿探索成果的地震业务示范。通过地震科技创新，服务地震科技现代化发展，提升防震减灾综合能力。

（一）可检验可对比的统一模型

可检验可对比的统一模型包括：地质构造演化模型、地块模型、统一断层模型、统一介质模型、大地测量模型、区域变形模型、断层变形模型、应力模型等。

地质构造演化模型：

地质构造演化模型以地球物理、地球化学观测数据得到的结构模型为基础，以大地测量数据为边界约束，结合地质调查得到的构造历史认识，利用数值模型方法得到构造演化动力学模型，模型可通过与实际观测对比进行修正。

通过构建青藏高原较为可信的构造演化历史，研究在这种演化背景下，印度板块俯冲对青藏高原隆升和物质逃逸的影响，进而研究在这种板块边界动力加载及深部作用的联合影响下，实验场区主要地块的运动调整及块体间的相互作用，以及块体边界带断裂体系的演化过程与发展趋势，实现强震应力应变积累过程及动力来源的系统研究。

地块模型：

中国大陆板内强震主要集中在活动地块边界带发生。依据活动地块和活动断裂定量研究资料判断未来强震可能发生的地点可为强震中短期预测缩小范围。对典型活动地块边界带上的强震危险性进行预测，可以给出边界带上不同段落强震危险程度的差异，危险度最高的段落发生强震的可能性最大，这就为强震的地点预测提供了重要依据。因此，实验场区域地块模型预期成果包括：

① 川滇地区活动块体划分。

② 活动块体的边界类型和运动学参数研究。

③ 活动块体边界带动力作用与强震关系研究。

④ 活动块体的深部结构和动力作用研究。

统一断层模型：

统一断层模型是指围绕特定研究区系统收集整理断层的几何学、运动学、动力学基础信息，结合地震地质资料、地球物理探测、地震学、钻孔资料等信息，建立的研究区的断层系统信息。成果包括：

① 基于实验场内 1∶50 万活动构造图设计和完善断层模型 V4.0 的数据结构。采用 SKUA-GoCAD 和 ArcGIS 等平台进行断层结构的可视化展示，实现多源数据的整合及坐标系转换和统一，并输出可移植性的、其他软件兼容的可编辑图件和数据属性。

② 结合最新活动断层调查数据（1∶5 万）、震源机制、小震精定位等结果，进一步修改川滇地区断层模型，逐步将现有版本升级到 V4.0。

③ 川滇地区典型断裂带相互作用的构造模型。

④ 川滇主要断裂上基于 LiDAR 和 SfM 等技术的断裂位错和地貌的高清扫描示范。

⑤ 断裂活动性参数不详的断裂和断裂段，包括构造交切和构造转换部位的断裂（段）的断裂活动性证据，以及滑动速率和古地震复发数据。同时，对已有研究成果，如断裂滑动速率和古地震序列进行数据检验和置信评估。

⑥ 高分辨率的历史地震同震破裂和震害空间展布，同震变形场和地震次生灾害与发震构造的关系。

⑦ 逐步更新实验场断层模型，实现对断层模型从二维向三维结构认识的转变。在 2030 年左右推出与目前 CFM V5.0 相当的版本，为实验场的其他模型提供更精细的地质资料。

统一介质模型：

统一介质模型是以地震学为主要方法和手段，整合人工地震、重力、大地电磁等地球物理探测和地质观测数据，构建统一的区域三维介质物理模型。包括：

① 统一速度模型：综合川滇所有台阵的近震远震体波走时、面波及背景噪声得到的频散数据、瑞利面波的 ZH 振幅比、接收函数等数据，并以大型盆地（例如四川盆地）的浅层地震剖面模型和测井数据作为地壳浅层结构约束，获得更为可靠的川滇三维地壳上地幔各向同性速度结构模型，形成川滇地区统一速度（Vp，Vs，Vp/Vs）模型 CVM-1.0 版本。

在三维各向同性统一速度模型 CVM-1.0 版本的基础上，采用区域地震波形及背景噪声经验格林函数数据的三维波形成像，构建包含更精细的三维各向异性结构的统一速度模型 CVM-2.0 版本。

在三维各向同性统一速度模型 CVM-2.0 版本的基础上，融合不同研究获得的川滇地区多个盆地、城市、重点断裂带等区域的浅层或地壳浅部结构模型数据，构建川滇地区多尺度的速度结构模型 CVM-3.0 版本。

② 统一界面模型：基于统一速度模型的川滇地区统一的界面结构模型，包括沉积基底、Moho 面、LAB、410 km、660 km 等重要间断面。

③ 统一衰减模型：基于统一速度模型的川滇地区地壳上地幔三维衰减结构统一模型。

④ 统一电导率模型：基于地震和 MT 联合反演的川滇地区地壳岩石圈三维电导率模型；多尺度的川滇地区三维电导率结构统一模型。

⑤ 地温模型和流变模型：利用钻孔多深度地温长期观测资料，收集和测量钻孔岩心热导率资料，建立地温模型。利用岩性模型和实验室高温高压流变实验资料，建立岩石圈流变模型。在有大震后震源附近变形观测野外资料的地方，验证流变模型的合理性。

⑥ 统一物性模型：基于统一速度模型、电导率模型等的，相互独立的速度、密度、电性属性模型；深浅部不同尺度的速度－密度转换关系公式和其他相关的物性经验系数。

⑦ 统一模型的验证和评价：三维速度结构、衰减结构、电导率结构模型可靠性验证和精度评价指标体系，和对今后模型构建的一些指导性建议。

⑧ 重点区域小尺度结构模型：重点的断裂带和断层部位的小尺度成像和建模；针对在人口密集、地震活动性较强的盆地和核心城市区域、国家重大工程建设基地等区域的综合的小尺度模型，其分辨率达到几百米到 1 km~2 km。

⑨ 四维结构模型：围绕川滇地区重要断裂带（例如鲜水河－安宁河－小江断裂带）、川滇地区大型水库和国家重大工程建设地区等区域，地下介质三维结构随时间变化的四维结构模型。

大地测量模型：

大地测量模型的概念已经从传统的静态模型向动态模型发展，由个别观测手段向多观测手段融合发展。建立大地测量模型的主要目的是提供空间可比、时间相关的大地测量数据产品，形成时间相关的大地测量数据产品，其关键的技术手段为广泛的数据融合。包括：

① 空间可比的大地测量数据产品。

② 与时间相关的大地测量数据产品。

③ 广泛的数据融合方法。

区域变形模型：

区域变形模型的数据输入为大地测量模型产出的数据结果、区域介质结果、断层的几何产状等，主要应用领域包括如下几个方面：区域变形模型为区域应力模型提供应变率加载约束，是应力累积率计算最重要的边界约束之一；区域变形模型可用来识别和确定活动地块的变形模式，以及动态边界动力作用下活动地块的整体响应特征；区域变形模型结果可作为断层变形模型的边界约束，为识别断层强闭锁段、确定断层滑动速率提供支持，进而用于主要断层段上的强震发生率预测。

断层变形模型：

断层变形模型产出断层运动模型、应力模型、物性模型、不同断层类型孕震阶段模型，其应用包括三个方面：

① 为震源反演和地球动力学模拟提供大地测量约束，包括不同时间、空间尺度的三维地壳形变场。

② 为地球动力学模拟提供区域物性参数。

③ 不同类型断层的大地测量变形模型提供的断层的孕震阶段，可给出未来强震可能的破裂模式。

应力模型：

基于大地测量时空变化数据，构建区域变形模型，可以将大地测量模型产出的数据结果应用于实际的地震研究中，并为活动地块划分、断层变形模型提供变形约束。产出：

① 区域变形对边界动力加载的响应模型。

② 区域应变率场可靠结果获取及驱动机制模型。

③ 区域变形与断层变形的关系模型。

（二）强震概率预测模型

建立强震概率预测模型的目标是获得可更新、时间相关的地震发生概率。对地震发生概率的估计将依据各相关学科对地震孕育和发生物理过程的认识。由于基于科学模型的强震概率预测模型涉及的数据和方法更新均可能带来结果的变化，必须不断地根据数据和资料更新模型，重新计算和评估，分析数据更新对地震发生概率评价的影响。因此，基于观测数据的丰富程度，提出如下成果：

① 根据地震地质、大地测量和地震活动资料的相关模型、参数和地震概率预测结果。

② 根据断层模型、变形模型、地震发生率模型和概率模型的地震概率预测。

③ 由几何模型、变形模型、破裂模型和概率模型组成的适合川滇地区的地震动力学概率预测模型，以及其在实验场的示范。

（三）强地面运动预测模型

地震断层破裂激发的地震波在地下复杂结构中传播，最后到达地表产生强地面运动。在地下地质构造和场地条件可知条件下，可通过大规模高性能计算技术模拟地震波传播过程，预测出地震断层破裂激发的地震波在地表造成的强地面运动时程，成果包括：

① 适用于具有内部复杂结构和起伏剧烈地形的大陆型强震地区的强地面运动定量模拟方法。

② 可验证的强地面运动预测技术体系。

③ 在实验场区域开展全面的强地面运动模拟预测，给出基于强地面运动定量模拟的概率地震危险性分析结果。

④ 随统一结构模型和统一断层模型更新，给出更准确、更宽频带的强地面运动预测结果。

⑤ 对现有结构模型、断层模型能够准确预测的强地面运动频率成分的评估；对统一结构模型、统一断层模型能够准确预测的强地面运动频率成分的评估；对强地面运动预测技术在大陆型强震区域的适用性的评估；强地面运动模拟先进算法和高性能计算方法；同工程地震需求相一致的宽频带强地面运动预测。

⑥ 给出实验场重点断层设定地震强地面运动预测结果；修正整个区域基于强地面运动定量模拟的概率地震危险性分析结果。

（四）新型业务体系示范

在实验场内，要建立新型业务的示范，包括北斗系统、光纤观测、精准原子钟观测、井下综合观测、无人机雷达干涉测量、实时地震震源参数产出系统等。

① 北斗系统替代 GNSS 系统观测实验与示范。基于国家安全、自主可控等原因，将在现有的 208 个 GNSS 台站增加北斗观测系统；开展北斗替代 GNSS 能力提升实验与示范。

② 跨断层光纤地震应变实验与示范。在四川、云南各构建 1 个跨断层应变实验观测网。每个观测网由 11 条长度 10 km、总长 110 km 的测线组成，开展光纤地震、光纤应变、温度梯度实验观测。

③ 基于精准原子钟的观测试验。利用 GNSS 技术，开展高精度水准与基线替代手段的实验。

④ 井下综合观测系统实验与示范。在川滇地区选择 6 个具备潜在地震危险的段落，建设 50 个井深 500 m 的多测项综合观测系统，包括钻孔应变、测震、强震、地温及地面对比观测系统，以获得活动地块及其边界带的介质波速和应力场的动态变化信息，综合应用地震波及其应变观测分量解算介质波速等，形成示范应用。

⑤ 大型无人机雷达干涉测量实验与示范。针对鲜水河、安宁河、则木河、小江等主要断裂，开展大型无人机雷达干涉飞行测量实验与应用示范，获取主要断裂带高精度三维形变场。

⑥ 地应力观测实验与示范。在中国地震科学实验场布设 100 个站点构成的地应力基本监测网和观测台站，开展绝对地应力探测与相对地应力观测。建立岩石圈深浅部应力场模型。

⑦ 地震深钻与综合地球物理实验。利用深钻技术探索地球深部介质特性与力学参数是地震科学研究最前沿的技术。目前，国际上已利用深钻技术开展了地震发生机理的研究并取得了非常重要的研究成果。开展针对川滇地区的历史大地震和现今发生的大地震震源区的地震深钻与综合地球物理实验。

⑧ 中国地震科学实验场的实时地震震源参数产出系统。基于人工智能、搜索引擎等技术的地震监测实时产品，包括地震震级、位置、发震时刻，及 3 级以上地震的震源机制解。实现该系统在中国地震局地震预测研究所的实时连续在线工作和地震活动空间图像的展示。

（五）实验场标准体系框架和执行标准清单

根据《中国地震科学实验场设计方案》《中国地震科学实验场科学设计》以及相关要求，利用已有地震标准化工作基础，梳理中国地震科学实验场的建设目标和主要任务。以中国地震科学实验场的建设目标和主要任务为出发点，分析以数据流为主线的实验场业务流程，分解流程对象，细化对象内容，并按横向切块、纵向分层的逻辑，设计实验场标准体系构造图，构建实验场标准体系框架并逐步完善，提出阶段性标准制修订的清单。

缩 略 词

（按英文首字母排序）

- AI——Artificial Intelligence，人工智能。

- ALOS PALSAR——Advanced Land Observing Satellite Phased Array L-band Synthetic Aperture Radar，日本对地观测卫星搭载的 L 波段合成孔径雷达传感器。

- ALOS2——Advanced Land Observing Satellite 2，日本第二代对地观测卫星。

- AMS——Accelerator Mass Spectrometry，加速器质谱法。

- ASC——Asian Seismological Commission，亚洲地震委员会。

- Cal BP——Calibrated Years before the Present，校正后的年代。

- CAP——Cut and Paste，一种地震波形反演方法。

- CFM——Community Fault Model，统一断层模型。

- CGM——Community Geodetic Model，统一大地测量模型。

- CMM——Crustal Motion Map，地壳运动速度图像。

- CNN——Convolutional Neural Networks，卷积神经网络。

- CSEP——Collaboratory for the Study of Earthquake Predictability，地震可预测性研究计划。

- CSM——Community Stress Model，统一应力模型。

- CVM——Community Velosity Model，统一速度模型。

- DEEPSOIL—— 一维场地地震反应分析系统，由美国伊利诺伊大学厄巴纳 – 香槟分校土木与环境工程学院研制。

- D-InSAR——Differential Interferometric Synthetic Aperture Radar，合成孔径雷达差分干涉测量。

- DLR——Deutsches Zentrum für Luft-und Raumfahrt，德国宇航中心。

- DSM——Digital Surface Model，数字地表高程模型。

- ERS——European Remote Sensing Satellite，欧洲遥感卫星，由欧洲空间局主导的研究地球陆地、大气和海洋的系列极轨卫星。

- ETAS——Epidemic Type Aftershock Sequence，传染型余震序列（模型）。

- FAST——Fingerprint and Similarity Thresholding，指纹相似性识别法。

- FCN——Fully Convolutional Network，全卷积神经网络。

- GEODB——Geophysical and Earthquake Observation in Deep Borehole，深井综合地球物理观测。

- GNSS——Global Navigation Satellite System，全球导航卫星系统。

- IAEE——International Association for Earthquake Engineering，国际地震工程学会。

- IASPEI——International Association of Seismology and Physics of the Earth's Interior，国际地震学与地球内部物理学协会。

- ICDP——International Continental Scientific Drilling Program，国际大陆科学钻探计划。

- IMU——Inertial Measurement Unit，惯性测量装置（技术）。

- InSAR——Interferometric Synthetic Aperture Radar，合成孔径雷达干涉测量。

- IRIS——Incorporated Research Institutions for Seismology，美国地震学研究联合会。

- JAXA——Japan Aerospace Exploration Agency，日本宇宙航空研究开发机构。

- JPL——Jet Propulsion Laboratory，美国喷气推进实验室。

- LAB——Lithosphere-Asthenosphere Boundary，岩石圈与软流圈界面。

- LiDAR——Light Detection and Ranging，激光雷达扫描技术。

- LNUSA——Leveling Networks Used for Seismic Applications，地震水准监测网（中国地震局布设，跨主要活动断裂带分布）。

- MT——Magnetotellurics，大地电磁测深。

- NASA——National Aeronautics and Space Administration，美国航空航天局。

- NASMG——National Administration of Surveying, Mapping and Geoinformation，国家测绘与地理信息局（2018年3月后合并到自然资源部）。

- NCF——Noise Correlation Function，噪声互相关函数。

- OLR——Outgoing Long-wave Radiation，对地观测卫星地气系统产出的长波射出辐射。

- OSL——Optically Stimulated Luminescence，光释光（测年方法）。

- PCA——Principal Component Analysis，主成分分析方法。

- PSHA——Probabilistic Seismic Hazard Assessment，概率地震危险性评估。

- RNN——Recursive Neural Network，递归神经网络。

- ROC——Receiver Operating Characteristic，受试者工作特征。

- SAFOD——San Andreas Fault Observatory at Depth，圣安德列斯断层深部观测计划。

- SAR——Synthetic Aperture Radar，合成孔径雷达。

- S/B——Server/Browser，服务器和浏览器架构。

- SCEC——Southern California Earthquake Center，南加州地震中心。

- SfM——Structure from Motion，运动恢复结构。

- UAV——Unmanned Aerial Vehicle，无人驾驶飞行器。

- UAVSAR——Unmanned Aerial Vehicle Synthetic Aperture Radar，无人机合成孔径雷达。

- UCERF——Uniform California Earthquake Rupture Forecast，统一的加州地震破裂预测模型。

- USGS——United States Geological Survey，美国地质调查局。

- VLBI——Very Long Baseline Interferometry，甚长基线干涉测量。

- WGCEP——Working Group on California Earthquake Probabilities，美国加利福尼亚州地震概率工作组。

- XAFS——X-ray Absorption Fine Structure，X 射线吸收精细结构。

附录 1

国家地震科技创新工程 ①

前　言

地球是人类赖以生存的家园。地震是地球形成、运动、演化过程中产生的自然现象，地震波在地球内部和表面传播产生振动，造成建筑物破坏、滑坡、泥石流等一系列灾害。受印度板块与欧亚板块碰撞、太平洋板块西向俯冲影响，中国大陆是全球板内地震最为活跃的地区，21世纪以来近9万同胞因地震罹难。

习近平总书记在唐山地震40周年之际发表重要讲话强调，同自然灾害抗争是人类生存发展的永恒课题。要更加自觉地处理好人和自然的关系，正确处理防灾减灾救灾和经济社会发展的关系，不断从抵御各种自然灾害的实践中总结经验。做好新时期防灾减灾救灾工作，要"两个坚持""三个转变"。这为做好防震减灾工作指明了方向和基本遵循，地震科技创新工作要紧紧围绕提高大震巨灾综合防范能力，坚持面向世界科技前沿、面向经济主战场、面向国家重大需求，夯实科技基础、强化战略导向、加强科技供给，全力服务经济社会发展。

目前，人类对于地震孕育发生规律的研究尚处于探索阶段。科学家们对于板间地震的空间分布和迁移规律有了一定的认识，而对板内地震研究相对薄弱，许多重要科学问题尚未解决。中国大陆灾害性地震绝大多数属于板内地震，囿于板内地震的科学认知，我国地震科技水平长期徘徊不前，防震减灾能力与国家地震安全迫切需求的差距日益凸显。为此，启动"国家地震科技创新工程"，针对我国特殊的构造背景和孕震环境，聚焦关键问题，加强顶层设计，广泛动员力量，开展协同攻关。借鉴美国、日本等国家正在开展的相关科学计划，通过实施"透明地壳""解剖地震""韧性城乡"和"智慧服务"四项计划，争取用10年左右的时间取得一批重要科技创新成果，查明中国大陆重点地区地下精细结构，深化地震发生机理认识，采取有效防御手段，丰富地震安全公共服务产品，显著提升我国抗御地震风险能力，保障国家重大发展战略和人民群众生命财产安全。

首先，实施"透明地壳"计划。把地下的地质结构搞清楚，既是重要的科技基础性工

---

① 本附录引自中国地震局文件，部分插图略。

作，也是地球科学领域重大前沿问题。相比于对太空的探索行动，人类对自身居住的地球了解得还很肤浅，这种状况严重制约了我们对地球内部结构、大陆动力学机制与过程的了解，也极大限制了地震学家对地震发生环境和机理的认识。我国在"十二五"期间开展了深部探测技术和实验研究，完成了 2 期地壳深部结构探测和地球物理场观测，探察了 83 条大型活动断层，取得大量宝贵观测数据资料。本计划将全面开展地下结构和构造的探察工作，特别是主要地震带的深浅结构和断层活动习性，逐步实现"地下清楚"的目标。

第二，实施"解剖地震"计划。地震预测一直是世界性的科学难题，历史上地震科学的进步往往都是通过对大地震的深入剖析所推动的，只有加强对不同类型强震的研究，分析总结其特有规律，才能逐步提高地震预测的科学水平。我国已经开展了一系列大地震综合科学考察，提出并发展了中国大陆地震活动地块理论，开辟了川滇地震监测预报实验场，为实施"解剖地震"计划打下了坚实的基础。本计划将深入详细解剖典型震例，利用新技术、新方法建立强震孕震的数值模型，丰富和发展大陆强震理论，逐步深化对地震孕育发生规律的认识。

第三，实施"韧性城乡"计划。灾害脆弱性是现阶段城镇化进程中制约城市可持续发展的核心问题之一。近年来我国已经开展了以抗震性态设计、减隔震和大型复杂结构混合实验等为标志的城市韧性理论和技术研究，应急准备、快速响应对策和紧急处置技术逐步推广应用。本计划将科学评估全国地震灾害风险，研发并广泛采用先进抗震技术，显著提高城乡可恢复能力，不断促进我国地震安全发展。

第四，实施"智慧服务"计划。公共服务是我国防震减灾事业的明显短板，也是地震科技的发力点。虽然我国已经实现面向全国的地震速报信息服务，也启动了国家烈度速报与预警工程建设，但地震信息服务产品种类、时效性和技术手段等方面与国际先进水平仍存在较大差距。本计划将全面提升防震减灾科技产品，完善服务平台，提供更加个性化的智慧服务，不断满足政府、社会和公众需求，服务国家经济社会发展。

实施国家地震科技创新工程，完成中国大陆重点地区地下结构、构造和地球物理场变化的观测和探察，对地壳的认识更加清晰透明；开展典型地震的解剖研究，对地震孕育发生规律的认识逐步深入；发展地震工程减灾技术和对策，率先建成 10 个示范韧性城镇；建成防震减灾信息高水平服务平台，提供全方位智慧型服务。争取到 2025 年，使我国地震科技达到国际先进水平，国家防震减灾能力显著提升。

一、透明地壳

（一）重点科技问题

中国大陆及周边地区壳幔结构特征；典型地震区三维精细结构及孕震环境；中国大

陆主要活动断层分布特征及活动习性；中国大陆地球物理场动态变化特征；中国大陆主要地震带地壳介质物性时空变化；中国大陆活动地块相互作用及深部过程；地下结构构造及地球物理场观测探测新技术、新方法，反演分析成像技术和多源数据融合。

（二）主要任务

1. 中国大陆及周边壳幔结构和主要地震带探测

在南北地震带探测的基础上，开展我国境内及周边区域的巨型流动地震台阵探测，发展深部成像新技术和新方法，获取华北等地区高分辨率三维壳幔速度结构、地震波衰减结构、介质各向异性分布等，揭示强震孕育深部构造背景。结合地学断面及深地战略研究等计划，在我国境内布设 12 条总长度约 5000 km、跨越重要构造块体边界的地震宽角反射 / 折射剖面，获得不同块体及边界带的高分辨率地壳及上地幔顶部介质结构。

2. 重点区域三维结构精细探测

在强震区及重要构造区，开展短周期密集地震台阵、深地震反射 / 折射、大地电磁探测、重力、地磁、形变等多种地球物理方法的综合探测，获得地壳三维精细结构，为发震构造研究提供资料依据；利用国家地应力监测网开展地应力观测，研究地震孕育和发生过程中的应力变化特征。

在地震灾害高风险地区开展密集台阵及综合地球物理探测，获得横向分辨率数百米、垂向分辨率数十米的近地表精细结构模型，为地震强地面运动模拟等提供介质结构参数。

3. 中国大陆活动构造探察

在南北地震带、天山地震带、华南沿海地震带和重点监视防御区进行大比例尺填图和关键构造部位深浅构造探测，给出活动断层的分布特征，分析活动断层长期滑动习性和地震复发特征，建立不同区域三维地震构造模型，构建活动断层探测与调查基础数据库，推动现今板内地震动力学研究的进步。在京津冀城市群及其邻区开展隐伏活动断层综合地球物理探测，确定活动断层的空间位置和发震危险性，为地震灾害风险评估、制定防震减灾救灾战略决策、城乡规划和重大工程项目建设选址等提供科学依据。

4. 中国大陆综合地球物理场观测

在南北地震带、大华北、新疆等重点地区，分期分区域开展三维地壳运动加密观测。在已有观测资料基础上，通过 GNSS 和精密水准复测，结合 InSAR 观测，获取中国大陆重点构造带十年尺度地壳水平运动速度场和数十年尺度地壳垂直运动速度场图像。以国家重力基本网为骨干，开展重力变化加密观测，获取中国大陆重点构造带的高精度重力变化图像。定期开展全国地磁场三分量绝对测量，获取中国大陆基本地磁场和岩石圈磁场变化图像。

5. 基于地震信号气枪发射台的介质变化监测

在现有4个地震信号气枪发射台的基础上，再建立6个发射台及相应监测系统，实现地震信号覆盖中国大陆的大部分地区；发展强干扰背景下提取人工源弱信号的技术方法；基于精密可控震源系统的重复激发探测，获得地壳介质物性的时间变化图像，研究地壳介质应力变化与地震的关系；基于人工源探测资料，分析重点区域的高分辨率深部介质结构。

图1　新疆呼图壁发射台50000 t水池

6. 中国大陆活动地块相互作用及深部过程

综合利用中国大陆壳幔结构探测、活动断层综合探察、地球物理场动态变化等方面的基础资料，研究中国大陆典型活动地块边界带三维结构及变形和运动特征，揭示中国大陆块体相互作用、变形机制、壳幔深浅构造耦合关系、物质与能量交换及深部作用过程，发展和完善大陆强震活动地块理论框架，构建基于中国大陆活动地块相互作用的动力学模型。

7. 技术研发和数据分析处理

发展基于宽频带地震台阵探测的高分辨率地震成像技术、高分辨率地球物理剖面综合反演技术、基于精密可控源探测的地壳介质物性时变信息提取技术；发展基于 LiDAR、UAV 等高分辨率活动断层遥感探测技术和基于断层活动习性的强地震发生地点综合判定方法，以及台网布局和观测仪器布设方法，GNSS、InSAR、地震、重力、地磁、地电等多源数据融合，综合地球物理场动态变化提取技术等。

（三）预期目标

1. 2020 年目标

完成大华北地区流动地震台阵探测、2 条跨越重要构造块体边界和强震震源区的综合剖面探测；完成南北地震带、天山、东北、东南沿海等地区约 40 条主要活动断层 1∶5 万填图和古地震研究、京津冀城市群隐伏活动断层地震危险性分析；完成 2 个地震信号气枪发射台建设；完成南北地震带和大华北地区综合地球物理场观测；完成南北地震带基于三维速度模型的走时表编制；发展基于全波形的介质结构反演成像技术、GNSS 与 InSAR 等数据融合技术；探测成果达到国际水平。

2. 2025 年目标

建立中国大陆高分辨率壳幔三维结构模型，获得 12 条横跨重要构造边界的精细物性结构剖面以及 10 个气枪发射台周边区域地壳介质物性时间变化图像；查明我国主要地震带约 200 条活动断层空间展布、活动性参数和变形带宽度；获得中国大陆综合地球物理场和时变图像，构建中国大陆动力学模型；观测、探测、探察及多源数据融合等技术达到国际先进水平。

二、解剖地震

（一）重点科技问题

典型发震构造模型与地震孕育发生物理过程；断层亚失稳观测与野外识别；活动地块边界带成组地震的孕育演化规律；区域地震概率预测和大数据数值模拟；与地震孕育发生相关的地震观测新技术，标准化、抗干扰、低功耗地震观测仪器设备。

（二）主要任务

1. 典型震例解剖与大震孕育发生机理研究

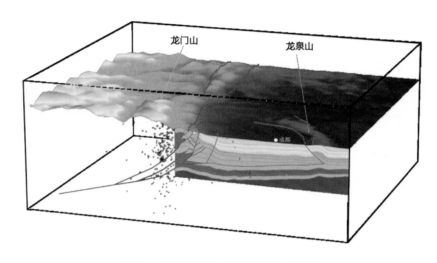

图2　龙门山地区地壳和断裂三维结构

对海城、唐山、汶川、玉树等典型强震进行详细解剖研究，探索构建不同区域、不同构造类型的孕震模型，深化对地震发生机理的认识；在原有观测资料的基础上，有针对性地获取强震构造区壳幔结构、介质物性、现今地壳运动和构造变形等信息，综合区域变形、断层运动、应力演化与强震孕育发生和后效间的关系，结合岩石物理力学实验结果，构建地震孕震模型，研究地震孕育发生机理，并对观测到的地震前兆给出成因机理解释，探索强震动力学预测方法和技术。

2. 断层亚失稳观测与前兆机理研究

断层亚失稳阶段位于峰值应力和失稳时刻之间，是地震发生前的最后阶段。构造物理实验表明应力加速释放和断层加速协同化是此阶段的重要特征。有必要在实验室进一步研究影响亚失稳态断层演化的各种因素，建立野外实验台网，开展断层亚失稳状态的监测研究。抓住不同构造部位相互作用以及多物理场的演化特征，完善断层亚失稳理论，使之成为认识地震前兆机理的理论基础。相关结果对于了解地震机理、判断失稳的临近十分重要，也可使抽象的理论研究逐步接近实际，更有效地为地震预测服务。

3. 大陆活动地块边界带成组强震活动机理研究

开展中国大陆周边板块边界作用方式及其动力影响研究、活动地块边界带变形特征研究、地震危险区壳幔介质变化过程研究，构建我国大陆活动地块边界带强震发生的动力学模式；围绕强震发震构造和块体边界带断裂系统相互作用，认识活动地块运动和变形对强震迁移和触发的控制作用，研究活动地块边界带成组强震发生的机制和演化规律。

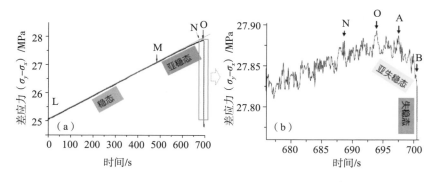

图3 一次粘滑事件中差应力 – 时间过程及变形阶段的划分

4.地震概率预测方法研究及具有物理基础的异常识别

在地球物理、大地测量、地球化学和地质学观测的基础上，依托川滇地震科学实验场，开展活动断层地震复发模式和滑动速率、区域应变速率、地震活动性研究，构建川滇地区地震孕育模型，发展地震概率预测方法；结合历史震例，对异常信息进行系统搜集、梳理和分析，揭示异常信息的物理内涵，甄别异常信息与地震发生的内在联系，开展前兆机理研究，发展多时空尺度地震预测新方法、新技术；开展人工诱发地震识别方法、活动特征和成因机制研究。

5.地震大数据建模与超算模拟研究

综合地球物理、大地测量、地球化学和地质学观测资料，开展数据同化，提取与地震孕育发生物理过程相关的关键参数，构建基于大数据的地震发生物理过程及其数学表达，研发基于超算技术的相关计算方法和软件库，开展地震数值模拟实验与检验，探索人工智能等地震预测新方法。

6.地震观测新技术与仪器研发

发展地震电磁卫星数据处理技术和综合应用分析技术；开展红外多角度、多波段天地一体化观测及其在地震监测中的应用实验；研制针对地震观测研究的不同观测对象的系列化重力仪和电磁仪；研发地应力综合测量仪器、地埋式土壤化学组分检测仪器等易于密集布设的测量仪器；研发高温高压环境下地震观测、在线标定等关键技术和地震观测设备；研发高频GNSS与强震仪集成于一体的新型观测系统。

（三）预期目标

1.2020年目标

完成汶川地震解剖研究，给出孕育发生机理研究结果；开展断层亚失稳室内实验与野外观测比对；初步构建我国大陆活动地块边界带强震发生的动力学模式；建立川滇地震概率预测模型 1.0 版，并给出中长期地震概率预测结果。

2. 2025 年目标

完成选定地震的解剖，开展大震孕育发生机理研究；基于亚失稳阶段演化过程与地震前兆机理，给出识别断层进入亚失稳阶段的判据与方法；给出活动地块边界带成组强震发生的演化规律；构建川滇地区的地震概率预测模型 2.0 版。地震大数据建模和超算模拟研究取得突破，地震观测技术智能化、标准化达到国际水平。

三、韧性城乡

（一）重点科技问题

工程场地和结构地震破坏与成灾机理；地震风险区划与地震灾害风险评估；地震灾害链形成机理与地震次生灾害风险评估；减隔震、新型材料、功能可恢复等工程韧性技术；防灾规划、性态设计理念、智能化应急救援辅助决策等韧性社会支撑技术；韧性城乡建设评价指标体系。

（二）主要任务

1. 地震作用与城市工程地震破坏机理研究

研究工程场地和结构强震动观测技术及强震动破坏作用，研究复杂场地非线性地震动反应分析方法；研究多龄期结构构件抗震性能和城市工程及重大基础设施系统在复杂地震动力环境下的破坏机理；发展多尺度、实用化的动力反应数值分析模型及高效模拟方法，构建多尺度城市工程地震破坏模拟实验平台。

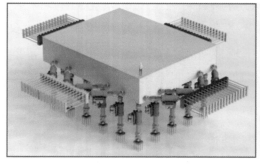

图 4　大型地震工程模拟研究设施——大尺寸大载荷地震模拟设施构造图和实验模拟图

2. 地震灾害风险评估技术研究及应用

研究基于断层三维结构的地震构造模型构建方法和时间相依的地震危险性分析技术，

发展宽频带地震动数值模拟及城市地震区划技术；发展多风险水平、多参数地震区划图编制技术。研究不同工程结构与城市生命线工程的地震易损性和致灾性，发展基于地震动参数的地震灾害损失与人员伤亡预测技术，研发基于震前危险区调查的地震灾害损失预评估技术，建立城市尺度的地震灾害风险评估技术。构建三维断层模型及数据库，编制多参数中国地震动参数区划图、次生地震地质灾害区划图和海域地震区划图。在京津冀、长三角和珠三角等重点城市群编制多尺度地震灾害风险图。

3. 地震次生灾害风险评估与防御技术研究

研究地震灾害链的形成机理及地震次生灾害综合防御对策；研究滑坡、泥石流等地震地质灾害机理，发展地震地质灾害风险评估模型，建立地震地质灾害预报和预警及风险防范系统；研究城市可燃物输送管线系统的地震破坏机理和韧性工程技术；研究城市地震火灾的成灾机理和扩散模拟技术；研究危化物质扩散传播机理及风险评估技术；研究高坝、核电厂等重大工程震后安全和致灾影响快速评估技术。

4. 工程韧性技术研究

研究满足复杂城市系统和重大工业设施地震韧性需求的抗震设计理论和方法；研究工程结构地震损伤机理和损伤控制新技术；研究工程非结构构件与工业管线设备抗震技术与性态控制技术；发展新型工程结构隔震及消能减震关键技术；研究以自复位体系和可更换构件为特征的工程震后快速恢复技术，研究城市生命线工程快速恢复技术；研究基于地震韧性的既有建筑抗震加固新方法及加固后建筑抗震能力评估技术；研发经济、实用的农居建筑抗震技术，发展绿色、适用不同民族风格的地震安全民居。

图 5　北京新机场设计效果图（左）和弹性滑板支座（右）

5. 社会韧性支持技术研究

发展工程场地和重大工程结构地震破坏多手段监测及震害评估方法；研究基于大数据的地震预警新技术，研发推广高铁、核电、大坝等重大工程地震紧急处置技术；研发城市地震灾害情景再现和虚拟现实交互技术；推广农居抗震技术的法规政策；发展针对我国地震活动特征和城乡建设环境的地震风险模型，探索地震保险模式；研究人流聚集区应急疏散、逃生、避险模型，提出城市社区地震灾害应急救援指标体系，发展智能预案系统和演练支撑平台；研究灾情规模判定、搜救目标确定、搜救和应急处置方案智能快速生成技术。

6. 韧性城乡建设标准体系及示范

建立国家地震韧性城乡建设标准和评价体系。选择雄安新区等 10 个城市构建城市信息模型，开展地震灾害风险评估、抗震鉴定与加固；推广隔震、减震等工程韧性技术应用，并在学校、医院等重点和特殊设防类建筑广泛采用；建设地震预警和地震韧性监测网络，建立基于城镇多种社会监控信息源的灾情快速获取系统，建设生命线工程地震紧急处置示范系统；建设地震应急救援辅助决策系统，完善防灾减灾设施和应急保障对策体系；建设地震工程综合实验场。

（三）预期目标

1. 2020 年目标

给出地震灾害风险评估模型；提出大尺度地震次生灾害风险评估技术；提出工程结构减震隔震与基于地震韧性的抗震加固新技术；提出工程结构地震破坏多手段监测和性态评估方法；给出社区单元地震灾害应急与救援分析模式，提出人流聚集区应急情景分析技术。

2. 2025 年目标

提出大型工程结构地震损伤过程的模拟技术；建立近断层宽频带强震动模拟理论和方法，给出地震灾害风险评估与地震保险分析模型；提出地震次生灾害风险评估理论与技术；建立基于韧性需求的新型抗震设计理论，提出工程结构和生命线系统震后快速恢复新技术；提出地震预警和重大工程地震紧急处置新方法，发展智能化应急救援辅助决策技术；提出地震韧性城乡建设评价指标体系，完成 10 个示范城镇建设；完成新版中国地震动参数区划图、中国地震次生地质灾害风险图、地震应急区划图和重点城市群地震灾害风险图编制。

四、智慧服务

（一）重点科技问题

地震科学大数据管理与共享；防震减灾信息云端化的智慧服务；地震数据资源深度

挖掘和公共服务新产品研发；地震标准体系完善。

（二）主要任务

1.建设地震科学大数据中心

建设国家地震科学大数据中心，形成全国统一、分布管理、合作共享的地震数据资源体系。整理和集成我国地震行业的地球物理、地球化学、大地测量、地质学等学科领域的观测数据，实现各类数据的标准化归档和安全存储；建立数据质量自动评价系统；建立方便快捷的共享服务系统和效能自动评估系统；开展地震大数据的应用研究，发挥地震数据资源效益；逐步建设地球科学数据共享中心。

2.构建防震减灾信息"云＋端"智慧服务体系

统一建设地震信息云平台，逐步实现数据存储、业务运行、产品生成、信息发布和服务云端化，在此基础上搭建国家地震信息共享服务系统，重构地震监测预报、震灾预防、应急救援和科学研究等方面的业务信息化流程，包括地震预警、地震速报、烈度速报、灾情评估、灾情速报、地震区划精细服务、建筑物抗震能力、地震科学知识普及、抗震救灾等信息，产出相关服务产品，提高地震数据和产品在线存储、计算和服务能力，实现信息资源的集约化。

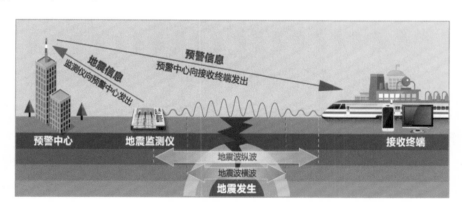

图 6　地震预警信息服务示意图

基于大数据、移动互联网、物联网、新媒体、人工智能等技术进行地震信息智能服务研究，设计开发针对政府、公众、行业和企业等不同需求的地震信息服务软、硬件智能化终端，实现不同用户群体的地震信息的个性化和精准化服务，以及多种场景下的应用交互服务，达到地震信息智慧服务的目标。

图 7　地震信息智能化服务平台网络

3. 地震信息服务产品深加工

针对移动互联网和新媒体技术传播特点，研发并提供各类地震信息服务新产品。开展地震监测产品数据处理自动化、可视化呈现；开展地震预测产品准确性、可靠度、实用性及应对策略研究，提供地震中长期预测、地震概率预测等相关产品；研发地震灾害风险图的系列服务产品；建立活动断层避让的法规和标准体系，提供活动断层信息查询和避让建议等服务产品；利用地震烈度速报与预警信息，提供不同尺度地震灾害情景分钟级再现产品；提供地震影响场快速判断、灾情快速获取与评估和地震灾害损失快速评估信息产品；创作社会公众喜闻乐见、通俗易懂的地震科普系列作品。

4. 设计和完善地震标准体系

设计地震服务标准化体系框架。以服务为导向，加强与国际标准和国家通用标准对接，建立健全地震观测仪器、数据、传输、存储、产品、服务等技术标准体系，形成地震标准体系表和项目库。制定地震数据资源开放、管理、保护等规范、标准和措施。

（三）预期目标

1. 2020 年目标

初步建成"管理规范、逻辑合理、访问透明、共享便捷"的地震大数据中心，推进地震科学及相关领域科学研究的共同进步；初步建成地震信息服务云平台，推进地震信息智慧服务工作；建成相对完善的地震标准体系框架。

2. 2025 年目标

建成相对完善的地震标准体系；实现地震信息服务的"数据资源化、业务云端化、服务智能化"，地震观测数据实时共享、质量可靠，地震信息服务云平台全面投入运行，服务产品不断丰富；地震事件和震后灾情信息发布精准及时，地震预测与地震风险信息产品定制化；地震科普宣传广覆盖、易接受、效果好，社会公众防震减灾意识普遍增强。

五、保障措施

1. 加强组织领导

成立国家地震科技创新工程领导小组，完善工作机制，负责统筹协调。围绕"工程"确定的目标和任务认真谋划工作格局、安排工作内容、确定工作重点，形成"工程"的落实合力。

2. 加大资金投入

按照中央财政科技计划管理改革方案要求，中国地震局协同国家发展和改革委员会、财政部、科学技术部、国家自然科学基金委员会等共同筹措资金，建立稳定增长的中央财政投入机制。有关部门和地方各级政府研究制定相应计划，拓宽资金投入渠道，共同推进"工程"实施。

3. 优化人才队伍

围绕"工程"实施，强化人才队伍建设，组建创新团队，制定相关政策和措施，加大奖励力度。尊重科学规律，鼓励探索、宽容失败，营造宽松和谐的学术氛围，汇聚国内外优秀人才开展联合攻关，为"工程"的顺利实施提供人才保障。

4. 强化条件平台

瞄准"世界一流、国际领先"的目标，建成"大型地震工程模拟研究设施"等一批国家重大科技基础设施；打造以国家重点实验室为龙头、部门实验室为支撑的科学实验体系，以工程技术中心和中试基地为骨干的技术转化平台，夯实地震科技创新发展的条件平台基础。

5. 扩大开放合作

依托"工程"的实施，进一步扩大基础设施、仪器设备和数据资料等科技资源的跨部门开放共享，建立国家地震科学数据中心；国内相关行业部门、高校、科研院所和企业要加强协作，广泛开展国际合作与交流，努力提高我国地震科技创新水平和防震减灾能力。

附录2

中国地震科学实验场设计方案[①]

20世纪以来，苏联、美国、中国、日本、土耳其等先后建立了13个地震预测预报实验场，大多数没有取得预期的效果，其主要原因：一是以寻找短临"前兆"预报地震为目标；二是系统科学设计不足，缺乏长期稳定支持。目前国际公认较为成功的是基于美国帕克菲尔德地震预报实验场发展起来的美国南加州地震中心（SCEC），其主要特点是通过明确科学目标，分阶段建立数值模型，不断深化科学认识。地震工程研究领域主要通过布设强震动台站开展观测，目前有影响的地震工程实验场是EuroSeisTest，该实验场侧重沉积盆地地震动、典型工程结构的观测与分析。

吸收借鉴国内外各类地震实验场建设经验教训，中国地震科学实验场将突出两个特色：一是在科学内容上，既注重地震孕育发生规律探索，又考虑工程抗震应用，将是世界首个研究"从地震破裂过程到工程结构响应"全链条的地震科学实验场；二是在研究对象上，将建设国际上现今唯一针对大陆型强震进行系统研究的地震科学实验场。

中国地震局文件

中震科发〔2018〕68号

**关于印发《中国地震科学实验场
设计方案》的通知**

各省、自治区、直辖市地震局，各直属单位，机关各内设机构：

2018年5月12日，在汶川地震十周年国际研讨会暨第四届大陆地震会议上，王勇国务委员代表中国政府向世界宣布建设中国地震科学实验场。建设好中国地震科学实验场，是大力推进新时代防震减灾事业现代化建设、实施国家地震科技创新工程的重要内容，党组书记、局长郑国光同志亲自担任实验场管理委员会主任。

实验场秉承开放合作，突出机制创新，集野外观测、数值模拟、科学验证及科技成果转化应用为一体，在川滇地区开展"从地震破裂过程到工程结构响应"全链条研究和大陆型强震

— 1 —

"从地震破裂过程到工程结构响应"全链条研究和大陆型强震系统研究。现将《中国地震科学实验场设计方案》印发给你们，请相关单位、部门认真研究，建立协同高效的运行机制，与国内科研院所、国际社会共同努力，立足当前、分步实施、有序发展，扎实做好实验场建设各项工作。

附件：中国地震科学实验场设计方案

2018年11月29日

— 2 —

[①] 本附录引自中国地震局文件，部分插图略。

一、总体目标

以深化地震孕育发生规律和成灾机理的科学认识、提升地震风险的抗御能力为目的，建设集野外观测、数值模拟、科学验证及科技成果转化应用为一体，具有中国特色、世界一流的地震科学实验场。秉承开放合作，突出机制创新，吸引国内外专家，利用大数据、超算模拟等新技术、新方法，发展地震科学理论与基础模型，产出一批具有国际影响的原创成果，引领地震业务转型升级，提升防震减灾综合能力。

二、基本原则

重视探索。面向国际地震科学前沿，瞄准关键科学问题，围绕国家地震科技创新工程"四大计划"，鼓励科学家大胆提出科学假设，通过实验场进行实际验证，注重原创性科技成果的产出，实现"科学认识上有突破"。

理实交融。强调科学理论与工作实践相融合，实现"无缝衔接"。既要围绕科学目标开展有针对性的科学观测，又要充分利用日常业务观测资源；既从业务实践中凝练科学问题，又将实验场的前沿探索成果及时转化为业务应用，实现"业务实践中有作为"。

开放合作。坚持开门建设实验场、开放运行实验场，开展最广泛的国内外合作，提高共建共享水平，重视数据资源和成果资源的共享。坚持"不求所有、但求所用"的人才理念，柔性引进领军人物和拔尖人才，努力把实验场建成新思想的孵化器、新技术的加速器、新成果的助推器。

有限目标。坚持有所为和有所不为。做好顶层设计，紧紧围绕"透明地壳""解剖地震""韧性城乡""智慧服务"四大计划，选取强震多发、灾害严重、研究基础好的川滇地区，积累经验后逐步推广；聚焦瓶颈问题，制定长期规划和分步实施方案，集中有限资金和优势力量，积跬步以至千里，一步一个脚印地向着科学目标扎实迈进。

创新机制。努力建立充满活力的实验场运行机制。突出科学决策，发挥国内外专家群体的科学指导作用；创新运行方式，变"刚性"引进为"柔性"集聚，推行首席专家团队新模式；开放观测数据和资源，吸引一流专家带着科学思想和科研经费开展研究，使之成为最受国内外地震科技工作者欢迎的科学研究平台。

三、实验场区空间范围

实验场区范围为从川甘交界到云南南部，即 97.5°E~105.5°E、21°N~32°N 范围的国境内区域。该区域位于欧亚板块与印度板块互相碰撞挤压、强烈变形地区，涵盖川滇菱形地块、滇南地块、滇西地块、巴颜喀拉地块东段等，包括龙门山、鲜水河、安宁河、则木河、小江、红河、小金河等重要断裂，是中国大陆与周边板块动力传递的关键部位。实验场区既是研究大陆型强震的理想场所，也是全链条地震灾害风险管理的典型示范区。

四、主要科学问题

主要基于以下考虑：一是瞄准美国南加州地震中心，对标其现有水平，保持实验场的国际领先水平；二是考虑我国大陆型地震特点和五十年来开展地震预测实践的经验，突出中国特色；三是强化科技创新成果转化应用，及时开展实验场前沿探索成果的地震业务示范。

（一）前沿科学方向

大陆型强震孕育环境：针对印度板块动力边界加载、活动地块运动调整、构造带变形机制、断层运动状态等，开展地质构造演化、活动地块划分、壳幔介质结构、区域变形特征、壳幔介质流变结构、热力学结构、高原隆升作用等研究，系统分析大陆型强震的孕育发生动力学环境。

地震发生过程：针对大陆动力学框架的活动地块、主要断裂带、孕震断层段应力应变分配过程，开展级联破裂、断层运动闭锁程度、断层应力状态、断层摩擦力学性质等震源物理模型研究，科学认知大陆型强震孕育发生的动力学全过程。

致灾机理：选择典型场地和城市，开展场地地震效应、地震地质灾害形成机理、工程结构破坏机理、地震灾害风险监控、地震动预测与灾害情景模拟等研究，为地震灾害风险评估和韧性城乡建设提供技术支撑。

（二）近期聚焦的科学问题

1. 如何构建川滇地区统一的大尺度岩石圈结构模型？如何认识强震孕震环境与岩石圈结构的关系？

2. 缅甸弧俯冲作用如何影响川滇主要断裂应力应变累积过程？如何构建应力应变动态变化数值模型？

3. 如何利用 LiDAR、GNSS、超密集台阵等新观测技术构建高分辨率断层精细结构模型？

4. 川滇地区主要断裂存在断层分段和级联破裂，其主要控制因素是什么？

5. 在板块边界带已观测到很多低频地震事件，这种现象在大陆地区是否存在？

6. 如何精准获知川滇地区主要断裂现今运动状态？是否存在断层"蠕滑"行为？

7. 强震前是否存在亚失稳现象？如何在野外观测验证？

8. 地下介质性质变化（如波速、各向异性等）在多大程度上反映地震孕育发生过程？是否可观测？

9. 地震引起的库仑破裂应力变化是否能够直接触发地震？能否通过观测验证？

10. 川滇地区经常观测到地震前有地下流体异常变化，如何认识其内在物理机制？可否进行数值建模？

11. 现有数值地震预测模型在多大程度上反映了真实情况？关键构成要素有哪些？

12. 如何基于现有观测数据构建强地面运动情境？怎样在减轻地震灾害风险中发挥作用？

13. 川滇地区地震造成的农居和城市民居的破坏特征是什么？各种工程抗震措施的效果如何？

14. 梯级水电站等重要工程设施和生命线工程如何有效防范重大地震及次生灾害风险？

15. 影响现代城市韧性的主要因素有哪些？如何通过工程措施和非工程措施提高现代城市韧性？

五、主要技术途径

（一）突出科学观测

基本考虑：基于明确科学目标的高水平的科学观测是实验场成功的基础。一是开展深部环境探测，获取地下真实精细结构信息；二是在主要断裂开展多手段密集综合观测，获取孕震过程动态信息；三是在盆地和城市开展强震动和结构响应观测，深化破坏机理认识，指导工程抗震。

实验场在科学观测中，要充分利用现有观测资料，整合国家重大科技项目和直属单位业务、科研观测资源，有计划地开展补充性基础观测。

1. 充分利用现有资源

（1）充分利用固定监测台网和中国地震科学探测台阵等已有测震学观测，构建川滇及附近地区岩石圈波速、各向异性、衰减性质等介质结构高精度三维模型，并发展全面评估介质模型准确性的评价方法和壳幔结构介质推荐数值模型（问题1）；给出实验场区现今中小地震重新定位结果、震源机制解、近期6级以上地震同震破裂模型等，为断层模型（问题6）、区域应力应变模型（问题1、9）、强震概率预测（问题11）等研究提供测震学研究基础。

（2）充分利用实验场区温泉地球化学观测现有数据，在川滇重要断裂带构建壳幔温度数值模型，探索震前地下流体温度变化物理机制（问题 10）。

（3）开展高新观测技术和已有观测数据的融合及综合利用研究，开展张衡系列卫星和 InSAR、电磁、热红外、高光谱、重力等卫星观测资料综合应用。

2. 针对问题强化观测

（1）沿主要断层利用机载 LiDAR 开展地形地貌高精度扫描，结合已有活动断层探测结果，挖掘古地震同震信息，构建川滇主要断裂几何模型和变形模型（问题 3、4）。

（2）针对川滇主要断裂的各断层段，在其两侧数 10 km 范围内布设 2 km~5 km 台间距的密集连续 GNSS 台网，探索大地测量模型的共建、共管、共享的观测模式，结合 InSAR 观测数据，构建现今断层运动模型（问题 3、4、6）、断层摩擦物理性质（问题 4、6、7）、块体运动模型（问题 2）、壳幔粘滞结构（问题 1）、火山区变形模型（问题 2）等。

（3）选择重点构造部位，在断层两侧数千米范围内布设 300 m~500 m 台间距的超密集地震台阵，构建浅层介质模型（问题 12）、断层深部运动模型（问题 2、4、5、7），开展主动源地下介质时变观测（问题 8）。

（4）选择川滇地区若干典型城市，建设地震动和工程结构响应密集观测网络，建设地表与地下地震动的高密度立体观测网络（问题 12、13、15）；选择川滇地区若干重要基础设施和生命线工程，建设结构地震响应的多手段观测网络（问题 14）。

（5）在科学研究过程中，科学家团队针对具体问题提出增加的观测。

（二）重视超算模拟

基本考虑：在科学观测的基础上，对海量数据进行分析处理、科学建模和模拟仿真是当前国际地震科学主流方向。一是建设实验场超算平台，与国家超算能力发展同步；二是发展地震全过程数值模拟并逐步实用化，彻底改变地震预测长期依赖经验统计的局面。

1. 建设数据共享和科学计算平台

建立现代化的数据汇集、管理、服务的开放共享平台，提供友好的科学数据共享接口，充实高性能计算人才队伍，整合升级地震系统现有超算资源，充分利用"太湖之光"等国家级超算平台，形成基于网络协同的卓越计算科学环境。

2. 开展全过程地震数值模拟

利用大数据、人工智能、高性能计算开展地震孕育、发生、成灾全过程的数值模拟，实现从单个地震秒级破裂过程（问题 4、12、13、14）到横跨多个断层（问题 1、2、4、9、11）、跨越千年尺度的地震模拟（问题 2、4、9、11），实现从地震破裂到工程结构响应的全链条数值仿真，积累实践案例，发展验证方法。采用模块化设计，形成系列的科学研究和技术开发的软件工具包。

六、组织管理

能否创新运行管理机制是实验场成功的关键。为此，实验场科学问题的提出，注重发挥国内外顶级科学家的创造性作用，减少行政干预；在科研团队组建上，不仅发挥地震系统内专家集团和行业优势，而且采取柔性聚集的方式吸引系统外一流专家参与，重视交叉融合，既有利于科技创新，又有利于培养人才；在经费管理上充分发挥首席专家对经费的主导权；在考核评价上不唯论文数量，而是注重评价团队的代表性成果的原创价值和对业务工作的引领支撑；在平台服务上，在充分保护知识产权的前提下，对观测数据和科研成果实现最大程度的共享；在管理机制上，实行扁平化管理，加强信息交互，提升运行效率；在业务能力引领上，注重向业务单位提供丰富的科技产品和原创成果，建立转化实施途径；在影响力提升上，定期召开实验场国际学术年会，在国际科技组织中就实验场科学问题设立工作组，主动发起科学研究计划。组织管理架构见图 1。

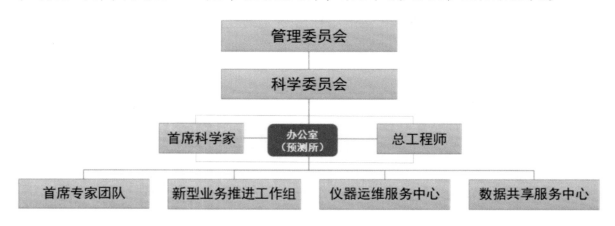

图 1　组织管理架构图

（一）设立实验场管理委员会。由中国地震局党组书记、局长郑国光同志任主任，党组成员、副局长牛之俊同志任副主任，成员由相关部委领导、局有关部门和单位的主要领导及部分外聘专家组成，负责把握实验场发展方向，审定实验场设计方案和科学委员会组成人员，监督实验场管理运行，协调解决实验场建设的重大问题。

（二）成立实验场科学委员会。依托中国地震局科技委，邀请地学、地震工程领域中国科学院、中国工程院的院士及国内外的知名专家，同时邀请 SCEC、IASPEI、IAEE、ASC、USGS 等组织和机构的专家，共同组建科学委员会，指导实验场未来总体目标、阶段性目标，审议团队科学研究计划，评价团队 3 年期研究成果。委员不承担实验场研究任务。

（三）设立实验场办公室。办公室设在预测所，负责实验场建设全过程组织、制度规范制定和日常运行管理，协调地震系统有关单位共同做好实验场任务实施，为实验场科学委员会和首席专家团队的科技创新活动提供服务保障。

（四）设立首席科学家和总工程师。为确保实验场科学目标落实，设地震科学实验场首席科学家 1 名，负责总体科学设计、团队建设和模型构建。为确保实验场工程目标落实，设地震科学实验场总工程师 1 名，负责观测任务组织、观测资源和数据共享服务、科研成果的业务转化。首席科学家和总工程师接受实验场科学委员会的指导。

（五）组建跨系统的高水平首席专家团队。采用柔性人才政策，按 15 个关键科学问题先期招募 10~15 名团队首席专家，地震系统专家不超过团队首席专家总数的 1/2，地震系统外团队至少吸收 1/3 地震系统专家，以 40 岁以下青年科学家为主，形成跨国界、跨行业、跨单位的地震科技创新团队。地震系统的团队，至少吸收不少于 1/3 的非本单位专家。

（六）实行经费管理新模式。建立与团队首席专家协商决策的实验场经费管理制度，在与首席专家团队协商约定双方、多方权利和义务的基础上，签订协议，由实验场连续 3 年提供稳定的经费和科技资源配套支持。按照国家政策规定，团队首席专家享有经费管理自主权，可自主决定和调整技术路线。同时，鼓励与实验场科学目标一致的专家团队带项目来实验场开展研究工作，实验场负责提供必要的科技资源配套支持。

（七）改革考核评价制度。改变简单量化的考核评价做法，采取同行评价。依托实验场科学委员会，增加相关领域顶级专家组成评价专家组，对于提供稳定支持的首席专家团队实行 3 年期评价，评价团队的代表性成果的研究质量、原创价值、实际贡献以及成果转化对业务工作的引领支撑作用。在项目执行过程中，不开展频繁的过程检查，减少不必要的申报材料。

（八）构建数据产出和共享服务的分工负责机制。有关业务中心和省局负责观测任务产出原始数据；台网中心、震防中心会同局属研究所做好数据挖掘和共享服务。在任务分工上，既充分发挥业务中心和省局的观测专业化优势，激发干事创业活力，又将研究所从具体观测任务中解放出来，聚精会神搞研究。建设仪器运维服务中心，提供专业的仪器设备共用服务。建设数据共享服务中心，提供专业丰富的数据产品共享服务。

（九）建立科技成果引领业务能力提升的长效机制。对地震数据资源深度挖掘，不断发展先进适用技术，逐步向业务单位提供丰富的数据产品、软件模块和成套替代技术。建立实验场科研成果保障地震业务能力提升的实施途径，设立新型业务推进工作组，及时跟踪汇总各团队和项目的科研成果，组织研究阶段科技成果，提炼新业务能力可行方案。台网中心、震防中心等相关业务中心会同局属研究所研发业务应用产品，在相关业务单位开展试验和示范应用，经业务主管部门认可后，正式进入业务运行。

实验场建设运行过程中，应充分认识到还面临着一些客观问题，如实验场区域处于敏感地区，观测数据开放的对象和程度，以及后续经费投入额度、渠道和使用监督及相关激励机制等问题。甚至在实验场运行过程中可能还会出现没有预料到的问题，这些问题的解决，需要在实验场建设的实践中不断摸索，总结经验，创新机制。

七、预期效益

（一）取得原创性科技成果

着眼解决关键地震科学问题，发展新型地震观测技术，引领地震科学研究和实验方法，深化地震致灾机理认识，取得一批原创性的科学发现和技术进步，得到国际同行广泛认可，对地震学科及相关交叉学科发展产生深远影响，成为国际地学大科学计划的重要组成部分。

（二）推进形成新型业务能力

通过实验观测和数值模拟，建立和更新地下结构、地壳变形、震源物理、地震数值预测、地震动预测、工程结构响应、地震风险评估等一批高质量的统一科学模型，积极探索形成基于统一科学模型的新型业务能力，大力推进前沿探索成果的转化应用，不断提升地震业务工作能力和水平。

（三）建成世界主要地震科学中心和创新高地

对标美国 SCEC（见图 2），明确阶段目标，建成具有国际先进水平的地震观测基础设施和数据共享中心，通过开放共享科研仪器、观测设施、数据资料等科技资源，吸引国际顶尖科学家在实验场开展地震科学理论研究和验证，将实验场建设成为具有国际影响，集突破型、引领型、平台型一体化的地震科学研究实验基地，产出丰富、高质量的地震科技成果。

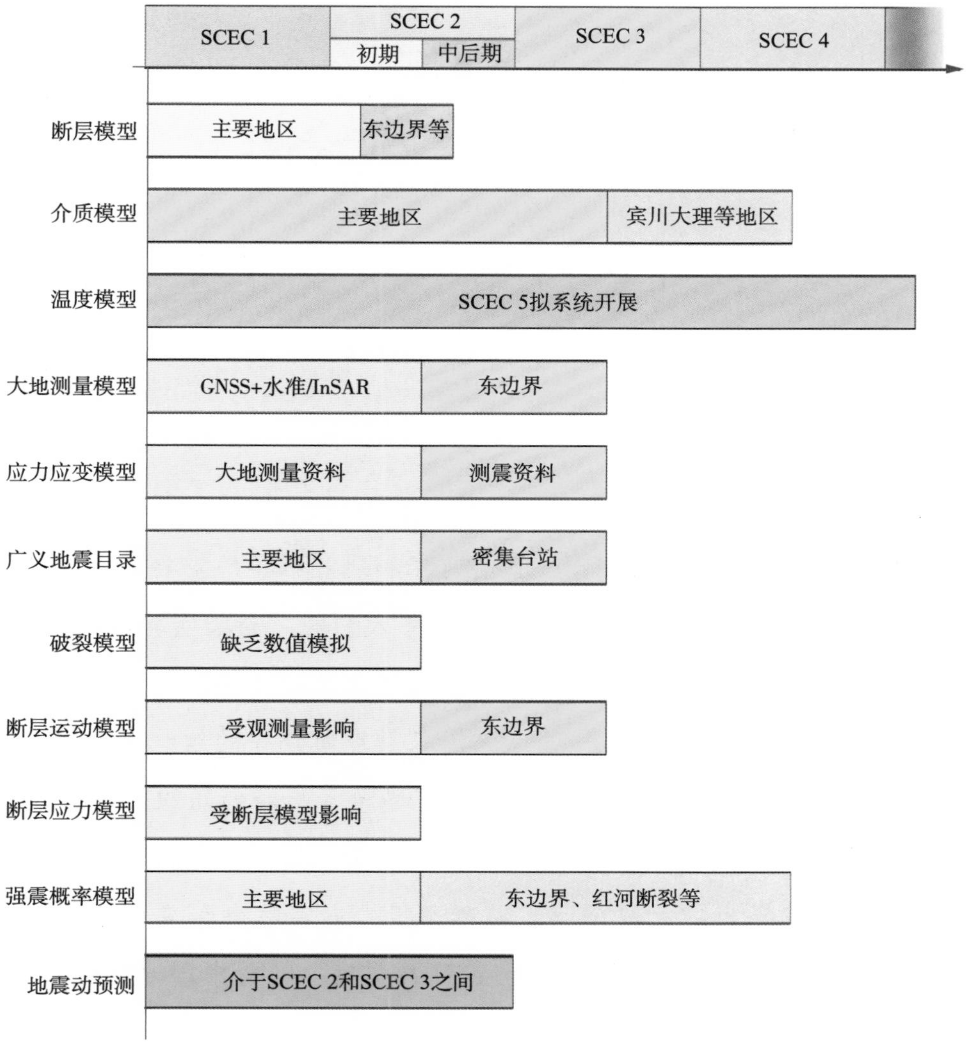

图 2　未来 3 年实验场建设目标与 SCEC 发展对标情况概图

后　记

在野外开展观测实验和理论验证一直是地球和地震科学的重要实践方式。中国的第一代地震预报实验场可以追溯到 20 世纪 70 年代初的"新疆实验场"。滇西地震预报实验场、京津唐张地震预报实验场还曾作为国际合作的重要窗口和平台。地震科学实验的概念，至少可以追溯到邢台地震。周恩来总理所倡导的组织多个学科、面向地震现场、"抓住地震不放"的攻略，至今对地震科学实验场的组织仍具有高屋建瓴的指导性意义。

2000 年，国务院提出建立健全地震监测预报、灾害防御和应急救援三大工作体系的重要任务，地震科技发展的目的和重点日益明确。随着中国地壳运动观测网络、首都圈防震减灾示范区工程技术系统和中国数字地震观测网络工程的建设，地震基础观测监测能力和数字化程度快速提升，逐渐具备建设以地震为目标的野外实验场的条件。2004 年，中国地震局筹划建设实验场，组织编写了《地震观测预报实验场建设（EPF）》项目可行性研究报告，之后还陆续形成了《中国地震监测预报实验场项目建议书》（2005 年）、《国家地震安全工程项目建议书》（2007 年）、《地震预报实验场项目建议书》（2009 年）、《国家地震预报实验场建设项目建议书》（2010 年）、《国家地震预报实验场项目建议书》（2012 年）等方案。经过长期积累，2017 年中国地震局组织地震系统内外 20 家单位 60 余位专家，借鉴美国南加州地震中心（SCEC）的成功经验，编写了《川滇国家地震监测预报实验场科学设计》，中国地震局地震预测研究所作为国家中心办公室，正式运维实验场。该地震监测预报实验场科学设计编写的主要专家包括（按姓氏笔画排序）：

习法启、王芃、王成虎、王伟涛、王武星、王虎、王宝善、王信国、王勤、王新胜、太龄雪、田晓峰、田家勇、包林海、吕后华、任治坤、任俊杰、刘琦、许俊闪、孙小龙、孙珂、孙道远、李大虎、李玉江、李智超、杨宏峰、杨朋涛、杨周胜、吴熙彦、邹镇宇、冷伟、张竹琪、张伟、张振国、张勇、陈长云、陈石、邵志刚、武艳强、季灵运、周龙泉、周新、郑勇、房立华、孟令媛、赵静旸、胡朝忠、姜祥华、姚华建、姚瑞、徐岳仁、郭博峰、陶玮、蒋汉朝、韩立波、韩颜颜、储日升、鲁人齐、廖华、廖欣。

其中，地震地质部分主要由任治坤、徐岳仁、胡朝忠、王虎、任俊杰、吴熙彦、鲁人齐等编写；大地测量与断层变形部分主要由武艳强、周新、习法启、季灵运、陈长云、赵静旸、郭博峰等编写；地球动力学部分主要由冷伟、李玉江、王信国等编写；地震学部分主要由姚华建、韩立波、田晓峰、王伟涛、周龙泉等编写；震源物理部分主要由杨宏峰、陶玮、季灵运、张振国等编写；震源反演部分主要由张勇、储日升、房立华、孙道远等编写；重力学部分主要由陈石、王新胜等编写；热力学和流体部分主要由孙小龙、杨朋涛、廖欣等编写；岩石试验部分主要由田家勇、王成虎、王勤、许俊闪、包林海、姚瑞等编写；地震预测部分主要由周龙泉、张竹琪、韩颜颜、姜祥华等编写；强地面运动部分主要由张伟、孟令媛等编写；科学计算部分主要由张伟、李智超等编写；川滇地区基础调研主要由郑勇、王武星、徐岳仁等编写；科学设计科学框架主要由邵志刚、王宝善、刘琦、邹镇宇、王芃等统筹编写。

2016年7月28日，习近平总书记在唐山抗震救灾和新唐山建设40年调研考察中，提出防灾减灾"三个坚持、两个转变"的重大理论创新。2017年6月，全国地震科技创新大会召开，宣布实施"国家地震创新工程"，提出"透明地壳""解剖地震""韧性城乡""智慧服务"四大计划，地震科技全面开启现代化转型发展。2018年5月12日，在汶川地震十周年国际研讨会暨第四届大陆地震会议上，国务委员王勇代表中国政府向世界宣布建设中国地震科学实验场。从此实验场成为一项国家工程。川滇国家地震监测预报实验场从科学目标、组织理念、技术路线等开始向中国地震科学实验场转变。2018年11月15日，中国地震局印发《中国地震科学实验场设计方案》，提出在川滇地区建设针对大陆型地震研究、秉持"从地震破裂过程到工程结构响应"全链条设计理念的地震科学实验场，明确实验场十五个重要科学问题，坚持国际合作和对外开放，通过创新机制力争实现"科学认识上有突破""业务实践中有作为"。

2018年11月29日，中国地震局地震预测研究所牵头成立了由北京大学黄清华团队、周仕勇团队，香港中文大学杨宏峰团队，中国科学技术大学姚华建团队，中国科学院大学孙文科团队、张怀团队，中国地质大学（武汉）郑勇团队，南方科技大学张伟团队，广东工业大学王华团队，中国科学院地质与地球物理研究所赵连峰团队，青藏高原研究所赵俊猛团队，兰州油气资源研究中心郑国东团队，防灾科技学院郭迅团队，四川省地震局吴今生团队，云南省地震局杨周胜团队，中国地震局地质研究所刘静团队，地震预测研究所张晓东团队，工程力学研究所温瑞智团队，第一监测中心武艳强团队等 17 家单位的 19 个科研团队组成的中国地震科学实验场预研专家组，并于 2018 年 12 月 26 日召开了第一次中国地震科学实验场科学设计研讨会，正式起草《中国地震科学实验场科学设计》。2019 年 1 月 29 日、2 月 16 日和 3 月 20 日，分别召开了中国地震科学实验场科学设计第二次、第三次和第四次研讨会，集中讨论和修改科学设计文本。期间实验场科学设计还广泛征求意见，包括中国地震局地震预测研究所特聘研究员石耀霖院士、陈颙院士、张培震院士、陈晓非院士，实验场特聘研究员沈正康教授（美国加州大学洛杉矶分校）、庄建仓教授（日本国立统计数理研究所）和地震系统各研究所科技委等。2019 年 4 月 17 日，中国地震科学实验场在北京组织召开实验场科学设计论证会，石耀霖、李廷栋、邹才能、陈运泰、陈晓非、陈颙、侯增谦（按姓氏笔画排序）7 名中国科学院院士和来自北京大学、清华大学、中国科学技术大学、南方科技大学、中国科学院大学等 20 个单位的 23 位专家参加了会议论证工作。会前还请刘丛强院士、张培震院士、姚振兴院士提供了函审意见。论证工作由陈晓非院士主持。通过深入讨论，专家组认为实验场科学设计聚焦地震科技原始创新，瞄准了世界地震科技前沿方向，充分调研了国内外地震研究的最新进展，描绘了我国地震科学研究未来十年的战略行动，提出的主要科学问题、重要研究内容和观测能力建设计划合理可行，一致同意通过论证。

本书在编写过程中，得到了中国地震局科学技术司（国际合作司）、发展与财务司、监测预报司、政策法规司的大力支持，在此表示感谢。

编著者

2019 年 5 月 12 日